"十三·五"国家重点研发计划"畜禽重要疫病病原学与流行病学研究"
（2017YFD0500100）支持出版

余兴龙　主编

现代实用猪病诊断与防治
原色图谱大全

全国百佳图书出版单位

化学工业出版社

·北京·

图书在版编目（CIP）数据

现代实用猪病诊断与防治原色图谱大全/余兴龙
主编．—北京：化学工业出版社，2019.11（2021.4重印）
ISBN 978-7-122-35288-0

Ⅰ．①现… Ⅱ．①余… Ⅲ．①猪病 - 诊疗 - 图谱
Ⅳ．①S858.31-64

中国版本图书馆CIP数据核字（2019）第215464号

责任编辑：邵桂林　　　　　　　　　　　　　装帧设计：史利平
责任校对：宋　玮

出版发行：化学工业出版社（北京市东城区青年湖南街13号　邮政编码100011）
印　　装：北京缤索印刷有限公司
787mm×1092mm　1/16　印张14$\frac{1}{2}$　字数318千字　2021年4月北京第1版第4次印刷

购书咨询：010-64518888　　　　　　　　　售后服务：010-64518899
网　　址：http://www.cip.com.cn
凡购买本书，如有缺损质量问题，本社销售中心负责调换。

定　　价：120.00元

编写人员名单

主　　编　余兴龙

副 主 编　李润成

编写人员（按姓名笔画为序）

李　　敏（湖南农业大学）

李润成（湖南农业大学）

余兴龙（湖南农业大学）

赵　　墩（湖南农业大学）

胡呈才（湖南普莱柯生物制品有限公司）

卿任科（湖南康保特生物科技有限公司）

唐小明（湖南省动物疫病预防控制中心）

龚文杰（军事科学院军事医学研究院军事兽医研究所）

梁百里（湖南康保特生物科技有限公司）

葛　　猛（湖南农业大学）

黎作华（湖南农业大学）

我国是世界上养猪最多的国家，超过50%的生猪养在中国。但我国的养猪水平与世界先进水平还有很大的距离，而其中差距最大的是疫病防控水平。在1980年出版、由蔡宝祥教授主编的《兽医传染病学》绪论中提到："丹麦消灭了18种病，美国、日本消灭了13种病，英国消灭了10种病……口蹄疫已在美、日、澳、英、法国被消灭，猪瘟已在美、日、澳、英、丹麦和芬兰等国被消灭"。从蔡先生写下这些话至今已有40年，然而猪瘟和口蹄疫对我国目前的养猪业仍威胁很大，仍是我国养猪业重点防控的对象，我国养猪业防控水平落后之程度由此不难看出。因此，提高我们的生猪疫病防控水平是当务之急。

准确的诊断是猪病防控的基础，基于疾病临床表现、病理变化和流行病学的临诊综合诊断则是疫病诊断的基础和重要内容，且实验室诊断的结论也需要建立在此之上。在诊断实践中，兽医工作者往往是通过观察临床症状和病理变化获得对疫病的基本判断，并结合流行病学对疫病作出初步诊断或确诊。因此，猪病图谱是疫病诊断的重要参考工具。

本书详细介绍了我国当前生猪养殖过程中常发的多种疾病，包括10种病毒病、14种细菌病、5种寄生虫病、3种中毒疾病和7种普通病。除这些病的临床表现和病理图片外，本书还收录了13个病的28个视频材料，通过这些视频能看到生猪发病的动态过程，能加深读者对相应疾病的印象和理解。另外，鉴于当前一些重要生猪疫病流行变化极快，而当前的情况与过去人们对这些病的认识有较大的不同，本书一是力求反映生猪疾病发生和防控的当前现状，而不是拘泥于对某一个病固有的印象；二是强调兽医工作者应结合流行病学进行疫病的防控，并认为根据流行病学的特点进行猪病防控能事半功倍。

本书收集的材料均来自临床实际生产，编者已经尽量呈现了所有病例最主要的临床特征，但仍有一些病的临床和病理细节收录得不够全面，恳请诸位读者谅解。另外，我们自己收集的疫病材料绝大部分均经过了实验室的检测。

由于编者水平有限，加之时间较为紧张，书中肯定有不妥和疏漏之处，敬请各位专家和广大读者不吝指教。

余兴龙
于湖南农业大学

目 录

第一章　猪病的诊断与样本采集

第一节　猪病诊断信息的解释……………………………………………… 1

第二节　病猪的解剖与病样的采集……………………………………… 3

第二章　猪的病毒性传染病

第一节　猪瘟…………………………………………………………………… 5

第二节　猪繁殖与呼吸综合征……………………………………………… 16

第三节　口蹄疫……………………………………………………………… 27

第四节　猪伪狂犬病………………………………………………………… 32

第五节　猪圆环病毒病……………………………………………………… 41

第六节　猪细小病毒病……………………………………………………… 50

第七节　猪乙型脑炎………………………………………………………… 52

第八节　流感………………………………………………………………… 56

第九节　猪流行性腹泻……………………………………………………… 60

第十节　非洲猪瘟…………………………………………………………… 64

第三章　猪的细菌性传染病

第一节　猪丹毒……………………………………………………………… 71

第二节　猪传染性胸膜肺炎 ……………………………………………… 78

第三节　副猪嗜血杆菌病 ………………………………………………… 84

第四节　猪链球菌病 ……………………………………………………… 90

第五节　猪巴氏杆菌病 …………………………………………………… 98

第六节　猪萎缩性鼻炎 …………………………………………………… 103

第七节　猪增生性肠炎 …………………………………………………… 107

第八节　仔猪大肠杆菌病 ………………………………………………… 112

第九节　猪沙门氏菌病 …………………………………………………… 119

第十节　母猪猝死症 ……………………………………………………… 122

第十一节　猪渗出性皮炎 ………………………………………………… 125

第十二节　猪支原体肺炎 ………………………………………………… 128

第十三节　猪痢疾 ………………………………………………………… 133

第十四节　化脓隐秘杆菌感染 …………………………………………… 136

第四章　猪常见寄生虫病

第一节　猪弓形体病 ……………………………………………………… 140

第二节　猪蛔虫病 ………………………………………………………… 143

第三节　猪球虫病 ………………………………………………………… 146

第四节　猪鞭虫病 ………………………………………………………… 150

第五节　猪疥螨病 ………………………………………………………… 153

第五章　猪常见中毒病

第一节　霉菌毒素中毒 …………………………………………………… 157

第二节　利巴韦林中毒 …………………………………………………… 164

第三节　多种药物滥用引起的累积性中毒 ……………………………… 169

第六章　猪的常见普通病

第一节　猪疝气 ………………………………………………… 174

第二节　肠套叠 ………………………………………………… 175

第三节　中暑 …………………………………………………… 178

第四节　猪胃溃疡 ……………………………………………… 180

第五节　便秘 …………………………………………………… 184

第六节　母猪子宫内膜炎 ……………………………………… 186

第七节　饲养管理不当导致的各种伤口感染 ………………… 189

附录　20千克正常保育猪各部位参考图

参考文献

典型猪病视频目录

疾病名称	编号	视频说明	所在页码
猪瘟	视频 2-1-1	急性猪瘟，神经症状，偶或口吐白沫	6
	视频 2-1-2	母猪带猪瘟病毒，产弱仔	9
	视频 2-1-3	母猪带猪瘟病毒，仔猪先天性颤抖	9
	视频 2-1-4	母猪带猪瘟病毒，同窝中部分仔猪先天性颤抖	9
猪伪狂犬病	视频 2-4-1	猪伪狂犬病，新生仔猪神经症状	33
	视频 2-4-2	仔猪伪狂犬病神经症状，转圈	33
猪圆环病毒病	视频 2-5-1	先天感染圆环病毒仔猪，颤抖	45
	视频 2-5-2	先天感染圆环病毒仔猪，颤抖	45
猪传染性胸膜肺炎	视频 3-2-1	肥猪传染性胸膜肺炎放线杆菌感染，张口呼吸、极度不安、因窒息而迅速死亡	79
	视频 3-2-2	育肥猪传染性胸膜肺炎放线杆菌感染，濒死期，呼吸极度困难	79
副猪嗜血杆菌	视频 3-3-1	40日龄保育猪蓝耳病继发副猪嗜血杆菌，呼吸促、毛色不好、粗乱	85
	视频 3-3-2	蓝耳病毒继发副猪嗜血杆菌感染，腹腔积液	85
猪链球菌	视频 3-4-1	链球菌脑炎，仔猪转圈	91
	视频 3-4-2	链球菌急性脑炎，快速划水状	91
	视频 3-4-3	链球菌脑炎，仔猪转圈、站立不稳	91
	视频 3-4-4	链球菌引起的关节炎早期，关节液流出	95
	视频 3-4-5	猪链球菌脑炎，群体发病情况	98
	视频 3-4-6	猪链球菌脑炎（视频3-4-5），治疗24小时后的情况	98
猪支原体肺炎	视频 3-12-1	猪肺炎支原体感染，喘气、腹式呼吸	129

疾病名称	编号	视频说明	页码
利巴韦林中毒	视频5-2-1	肥猪利巴韦林中毒，病猪呕吐黄色液体	165
	视频5-2-2	肥猪利巴韦林中毒，站立困难	165
多种药物累积性中毒	视频5-3-1	疑似肥猪多种药物累积性中毒，站立困难	169
肠套叠	视频6-2-1	仔猪腹泻导致肠套叠	176
	视频6-2-2	保育猪肠套叠导致肠臌气	176
中暑	视频6-3-1	母猪中暑，张口喘气	179
	视频6-3-2	中暑母猪治疗后半个小时的恢复情况	180
胃溃疡	视频6-4-1	肥猪胃溃疡，胃出血，站立时颤抖、尖叫	181
便秘	视频6-5-1	母猪便秘，排颗粒状粪便	185

第一章 猪病的诊断与样本采集

第一节 猪病诊断信息的解释

动物疫病的诊断包括临诊综合诊断和实验室诊断两大类型。临诊综合诊断包括流行病学、临床诊断和病理解剖学诊断，实验室诊断则包括病理组织学、微生物学、免疫学和分子生物学诊断。临诊综合诊是在发病现场作出的诊断（血、尿和粪常规检查例外），能够较快给出诊断结论，指导疾病的防控和治疗。但当临诊综合诊断不能作出结论时，则需要进行实验室诊断。实验室诊断的响应速度显然要慢得多，从而可能延误疫病治疗或控制的最佳时间，因而需要临诊综合诊断暂时作出判断并采取相应的措施以尽量控制疫病或扩大损失。另外，实验室诊断需要一定的实验条件，并且诊断成本也比临诊综合诊断要高。因此，若能用临诊综合诊断对某些疫病作出确诊，则无需进行实验室诊断。这需要我们恰如其分地判断各类诊断信息的价值。

（1）一般来说，很多疫病的典型病例可通过流行病学、临床症状和病理变化得出准确的诊断结论。这里说的确诊仅为临床意义上的而非法律意义上的确诊。如：① 猪瘟、非洲猪瘟、伪狂犬病、口蹄疫、猪流感、流行性腹泻、猪丹毒、猪传染性胸膜肺炎和支原体肺炎等疫病的典型病例。如高烧、皮肤出血、脾脏梗死、淋巴结大理石样外观和"麻雀蛋外观"肾等信息基本上可以判断出这是急性猪瘟；母猪的大量流产、死胎，同时产房大量仔猪有神经症状，并且死亡率高，存在一定数量保育猪出现神经症状，且治疗无效后死亡，一般可以诊断为猪伪狂犬病。按照目前我们对各种生猪疫病的了解，上述两种情况不需要对流行病学作过多的了解也可以做出诊断结论；② 又如过去人们发现猪的水疱性传染病有4种，但流行病学资料表明在过去很长时间内我国多数地方只有猪口蹄疫一种疫病存在，因此，如若猪的口腔、嘴、鼻，蹄部和乳房出现水疱一般会认为是猪口蹄疫，但近些年我国少数地方出现的猪"塞内病毒"感染的临床表现也是这些，因此，再这样认为则出错的可能性就大大增加了。但"塞内病毒"感染多是自限性的、流行也慢，过一段时间很可能会消失，而"O"型口蹄疫发病的程度则严重得多、传播速度也快得多。因此，结合两者的流行病学特点可有助于对疫病作出准确的判断。但猪的"A"型口蹄疫的传播速度也较慢，危害性也较"O"型口蹄疫小。因此，如果猪群存在有"O""A"口蹄疫和

"塞内病毒"感染的地区，则更应谨慎作出临诊综合诊断结论。

（2）非典型病例依靠临床症状、病理变化并结合流行病学调查在很多情况下也多可以进行初步诊断，在实际疫病防控中起着非常重要的作用，至少可以排除一些疫病，缩小病种对象的范围，但确诊必须依靠实验室检测。如当母猪群出现零星的流产、死胎，同时少量的哺乳仔猪和保育猪出现神经症状并死亡，可以怀疑是伪狂犬病，但不能肯定，如果同时肥猪群有呼吸道问题，并且当天气变化时明显加重，过往病史表明该猪场是一个伪狂犬病阳性场，则可以比较有把握认定该猪场伪狂犬病毒仍处于活跃状态，但当时的疫情是否一定由PRV引起则不应下绝对的结论。因为PRRSV也可引起母猪群零星的流产，而猪群处于应激状态时，链球菌引起保育猪零星的脑炎也是常有之事。如果过往病史表明该场是一个PRRSV阴性场，且当时猪群也可以排除应激的情况，则同时出现上述情况时认为是由PRV引起的零星发病则就有很大的把握了。

（3）临床观察、病理解剖和实验室诊断的样本数量　由于猪群的发病普遍存在混合感染和继发感染的情况，猪病出现2重、3重和4重混合感染的情况比比皆是，如果不是疫情单一的典型病例，往往仅凭1～2头猪的临床观察、病理解剖和实验室检测结果往往难以做出准确的诊断。每当出现这种情况，多观察一些猪不同发病阶段的表现，多解剖一些猪只以及采集相应的标本进行实验室检查就很有必要。

（4）实验室诊断结果的判定与样本采集时机　对生猪群体发病的病原进行检测，原发病原和主要病原的确定最有价值。原发病原是最早侵入猪体内引起生猪抵抗力下降或发病的病原。例如临床猪只感染PRRSV引起免疫力下降后，常常会继发猪链球菌、副猪嗜血杆菌和大肠杆菌的感染。一般情况下，生猪发病的前、中和后期三个阶段均能检测到PRRSV，中期多能检测到猪链球菌，后期则常可检测到副猪嗜血杆菌和大肠杆菌，但有时也有相反的情况，有时还能检测出较多的巴氏杆菌。针对这种情况要对疫情的病原的作用作出准确的诊断则需要在生猪发病的前、中、后三个时期均采样检测，每个时间点每少采2头猪的样本。另外，不同发病时机细菌的分离情况与用抗菌药的情况也关系极大。

（5）实验室检测结果与流行病学的统一　很多病原在生猪的不同阶段均可感染发病，但具体到某一个场每一病原的感染时机还是有规律可循的。如一点式猪场（在同一场内同时饲养母猪、仔猪和肥猪的猪场）PRRSV感染仔猪多在保育后期和生长期的早期，PCV2的感染则多在生长期和育肥早期，PRV则在生长后期和育肥早期零星开始，高峰则在育肥的中后期。各类病原的检测结果与各自的流行病学特征是否一致，根据检测结果做出的结论则也可能很不一样。另外，猪群结构不一样（如某猪场以卖小猪为主，只有少量的肥猪或分点饲养的猪场）、猪群内流行毒株的毒力不一样（如高致病性毒PRRSV和经典PRRSV毒株）和猪群的免疫水平高低不一，上述PRRSV、PCV2和PRV的感染时机也可能有很大的变动。如母猪免疫不好的，在产房和保育期即有PRV感染。在肥猪数量少的猪群，PRRSV的感染高峰期则可能移到生长后期。

（6）实验室检测结果与临床资料的统一　这一条大家已有共识，在此不再赘述。

总之，针对复杂的疫情，一般生猪疫病的诊断应该对临床症状、病理变化、流行病学和实验室诊断的结果进行灵活的综合分析，才可能得出正确的结论。认识清楚每一个病原单一感染发病的情况是进行这种综合分析的基础，不管疫情多复杂，经过观察和多次检测之后，疫情主要病原所致病情的特征还是应该能判断出来的。

第二节　病猪的解剖与病样的采集

病猪的解剖与样本采集是生猪疾病临床诊断的重要环节，通过解剖可以发现病猪各部位的病理变化，不同疾病由于病原嗜性的差异，其病理变化具有相对不同的特点，可作为诊断的依据之一。如：仔猪水肿病以头部皮下、眼睑、肠系膜、胃壁水肿为主要病变；新生仔猪伪狂犬病毒感染则以肝脏、脾脏白色坏死点，脑膜出血，扁桃体坏死为主要特点。通过对病理变化的观察，可以帮助缩小疑似疾病的范围，特征性病变明显者可直接做出比较准确的诊断。病料样本主要指用于实验室进行细菌分离、病毒检测、寄生虫检查等检测的生猪样本，如血液、肺脏、水肿液、脾脏、淋巴结等。但不同的生猪疾病因为病原嗜性差异，用于实验室检测的样本同样存在差异，如果样本选择错误，将导致检测结果不能反映猪场的真实问题。作为病原检测的样本的采集应注意以下几点。

（1）病料力求新鲜，典型的病例可在在濒死时或死后数小时内采取，而疫情复杂的则在发病的早、中和晚期均应采集样品。应尽量减少污染，用具等应尽可能严格消毒。

（2）应采集能代表所发生疫情的典型性个体的病料，通常可根据所怀疑病的类型和特性来决定采取哪些器官或组织的病料。原则上要求采取病原微生物含量多、病变明显的部位，同时易于采取，易于保存和运送。

（3）如果缺乏临诊资料，剖检时又难于分析诊断可能属何种病时，应比较全面地取材，如血液、肝、脾、肺、肾、脑和淋巴结等，同时要注意带有病变的部分。表1-1是生猪常见疫病诊断样品的采集方法。

表1-1　疑似病原检测样本选择表

疑似病原	检测样本的选择
猪瘟病毒	扁桃体、淋巴结、脾脏、肾脏、肠道组织、发热期的血清等
蓝耳病毒	首选发病小猪或大猪的肺脏、淋巴结、扁桃体。发病高热期生猪的血液也能检测到病毒，但相对较低，可增加样本的数量进行检测
口蹄疫病毒	水泡皮、水泡液
伪狂犬病毒	脑组织、扁桃体、肺脏，但仅用扁桃体、肺脏检出率低很多
圆环病毒	首选淋巴结、肺，其次可选脾、肾
细小病毒	怀孕70天内死亡胚胎形成的木乃伊
乙型脑炎病毒	首选死胎、新生仔猪的脑组织

疑似病原	检测样本的选择
猪流感病毒	分离病毒一般采取鼻腔拭子，放4℃下48小时内保存，如果样本长时间保存，则应放到-80℃冰箱。此外，也可取急性期病死猪或扑杀猪气管分泌物分离病毒，或用RT-PCR方法直接检测
猪流行性腹泻病毒	首选发病早期小猪的空肠，腹泻粪便也可作为检测样本
非洲猪瘟病毒	淋巴结、扁桃体、脾脏、肺脏、肾脏
猪丹毒杆菌	心血、肾、肺、脾脏、淋巴结
传染性胸膜肺炎放线杆菌	心血、肺脏、鼻拭子等
副猪嗜血杆菌病	治疗前发病急性期病猪的浆膜表面渗出物或血液、肺、肝、脾、关节液
链球菌病	关节炎型病例——关节液；败血型病例——肝、脾、肾或心血等；脑炎型——脑组织、脾、肺
巴氏杆菌	败血症病例——心血、肝、脾；肺炎型——肺脏；猪萎缩性鼻炎——鼻拭子、鼻甲骨拭子
胞内劳森菌	病变肠黏膜，严重病例生猪的粪便
大肠杆菌	黄白痢——肠系膜淋巴结、肠黏膜，急性死亡者可用肝脏、脾脏、肾脏；水肿病——水肿液及肠系膜淋巴结
沙门菌	败血型沙门菌病例——肝、脾、淋巴结；沙门菌小肠、结肠炎病例——回肠、回盲肠淋巴结，扁桃体、盲肠壁；活猪采样——粪便、咽扁桃体刮取物
梭菌（母猪猝死）	肝脏、脾脏有明显病变者可选肝脏、脾脏，无明显病变者可同时选肠道黏膜（肠道黏膜应分离到大量梭菌才有参考价值）
葡萄球菌	创面分泌物
猪肺炎支原体	气管灌洗液、肺脏
化脓隐秘杆菌	化脓部位组织或脓汁
弓形虫	肺、肝、淋巴结等

第二章 猪的病毒性传染病

第一节 猪瘟

　　猪瘟，曾称"猪霍乱"（Hog cholera），是由猪瘟病毒（classical swine fever virus，CSFV）引起的一种高度接触性传染病，有急性、亚急性、慢性、持续性和隐性感染等形式。急性猪瘟由强毒感染引起，其特征是发病急、高热稽留、全身性出血以及发病率和死亡率极高。

　　猪瘟曾经是世界范围内危害养猪业最大的疫病之一，在20世纪90年代以前猪瘟是危害我国养猪业最大的三种疾病之一（另外两种是猪肺疫和猪丹毒）。自我国2008年猪瘟疫苗的抗原含量大幅度提高以后，猪群免疫保护水平逐年上升。相关报告以及本实验室的数据显示：自2015年至今，国内的绝大多数养猪集团和饲养管理好的规模猪场猪群的免疫保护率和保护水平均很高，带毒率极低，达到了可以实施猪瘟净化的状态，可以说从技术的角度我国应该可以实施猪瘟净化了。当然，在一些小型养殖户和部分饲养管理不好的规模猪场的猪群中仍然存在猪瘟野毒。

【病原】

　　CSFV为直径34～45纳米、有囊膜的单股正链RNA病毒，属于黄病毒科瘟病毒属。CSFV只有一个血清型，但不同毒株的致病力有很大的差异。根据E2基因的遗传多样性，猪瘟病毒可分为3个基因型。我国过去的流行毒株主要是基因1型，而基因2型是当前的优势基因型。不同基因型的病毒抗原有很好的血清学交叉反应，CSFV与BVDV和BDV也有明显的抗原交叉。

　　CSFV对环境抵抗力不强，对高温、紫外线和脂溶剂（乙醚、氯仿、脱氧胆酸盐和皂角素）均敏感，其耐热抵抗力与介质材料有关，细胞培养的病毒60℃10分钟可灭活，而脱纤血中的CSFV 68℃30分钟不能灭活。CSFV不耐酸碱，在pH＜3和pH＞11的环境中可迅速灭活，但在pH5～10下比较稳定，因此常用2%氢氧化钠作为环境消毒剂，次氯酸钠和酚类化合物也能有效地灭活猪瘟病毒。

【流行特点】

　　家猪和野猪是猪瘟病毒的易感动物，也是病毒的传播宿主，各年龄阶段的猪均可感染，但不感染人和其他动物。该病无季节性和地域特征，只要有易感猪存在，病毒传入后均可造成暴发流行。野猪是猪瘟病毒的贮存宿主，是欧洲家猪感染CSFV的主要传播来源。在中国，持续性感染的种猪和先天感染的仔猪是猪瘟传播的首要传染源。发病猪及其鼻咽分泌物、精液、尿液和粪便是病毒的重要来源。健康猪通过与发病猪直接接触，或与发病猪分泌物和排泄物污染的工具、运输车辆以及工作人员衣物的间接接触从而被感染，这是猪瘟的主要传播途径。此外，病猪肉制品中病毒可存活数月乃至1年，这也是病毒可以通过贸易进行远距离传播的一个重要原因。在最近的10余年来，我国当猪价高、仔猪供应紧张时，因不注意仔猪的来源且不及时加强免疫，外购仔猪的小型养殖户往往是发生猪瘟最多的养猪群体。

【症状】

感染猪可表现出急性、亚急性、慢性、持续性感染，这些不同的感染类型与毒株毒力、感染时机、宿主种类、年龄和免疫状态等有关。急性猪瘟病猪于感染后1～3周死亡，亚急性猪瘟病猪则在感染后1个月才开始死亡。强毒株引起的典型临床症状包括高热稽留（>40℃），寒战，扎堆（图2-1-1），食欲减退或废绝，精神沉郁；早期便秘、中后期腹泻，身体消瘦，咳嗽和呼吸困难；运动迟缓，有些猪出现神经症状如共济失调（图2-1-2），口吐白沫（视频2-1-1）；皮肤和黏膜点状出血（图2-1-3），耳尖、四肢、下腹部和尾巴出现斑点状或片状蓝紫色出血斑（图2-1-4）；另外，眼结膜炎（图2-1-5）和小公猪的包皮积尿发生率高。

视频2-1-1

（扫码观看：急性猪瘟，神经症状，偶或口吐白沫）

亚急性型或慢性型病猪体温时高时低，食欲时好时坏，便秘与腹泻交替发生（图2-1-6），腹泻时间较长，日益消瘦，贫血黄染（图2-1-7），发育停滞（图2-1-8）；有的皮肤上有紫斑、丘疹或坏死（图2-1-9），以耳部最明显，病程在20～30天或30天以上。死亡的多是仔猪，成年猪有些可耐过，妊娠母猪可出现流产。

图2-1-1 发病猪扎堆，发病猪耳朵多出血

图2-1-2　病猪站立不稳、共济失调

图2-1-3　全身皮肤点状出血

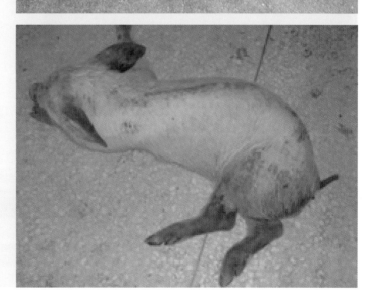

图2-1-4　全身皮肤多处出血

图2-1-5 眼结膜炎

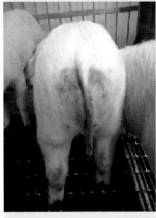

图2-1-6 腹泻或便秘

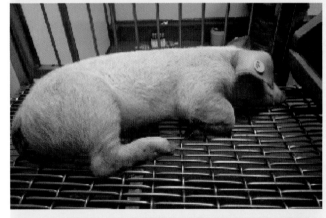

图2-1-7 皮肤黄染

图2-1-8 病猪消瘦、贫血

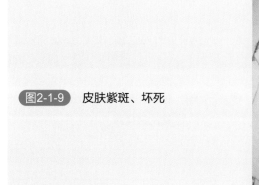
图2-1-9 皮肤紫斑、坏死

持续性感染以母猪带毒的危害为大，但这样的猪本身多呈隐性感染，并无明显的临床症状，但一方面可通过垂直传播，导致木乃伊胎、死胎、流产、弱仔（图2-1-10，视频2-1-2）和仔猪的持续性感染、新生仔猪的颤抖病（图2-1-11，视频2-1-3，视频2-1-4）和出生时正常、但不久即发病死亡（图2-1-12）等；另一方面更重要的是感染猪长期持续排毒而不被人们发现，成为重要的传染来源，这是目前对我国规模猪场养猪业危害最大的感染形式。

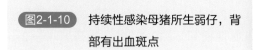
图2-1-10 持续性感染母猪所生弱仔，背部有出血斑点

视频2-1-2
（扫码观看：母猪带猪瘟病毒，产弱仔）

视频2-1-3
（扫码观看：母猪带猪瘟病毒，仔猪先天性颤抖）

视频2-1-4
（扫码观看：母猪带猪瘟病毒，同窝中部分仔猪先天性颤抖）

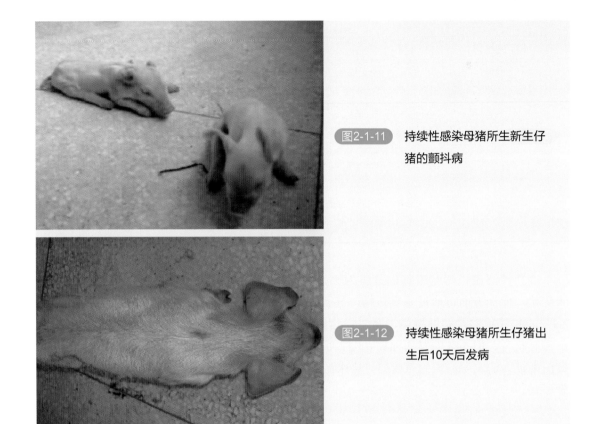

图2-1-11　持续性感染母猪所生新生仔猪的颤抖病

图2-1-12　持续性感染母猪所生仔猪出生后10天后发病

【病理变化】

急性型的病理变化是全身各组织器官的出血，包括心（图2-1-13）、肺（图2-1-14）、肾（图2-1-15）、淋巴结（图2-1-16）、膀胱内膜（图2-1-17）、胃大弯（图2-1-18）等处的出血病变（图2-1-19）。典型的病变有脾脏边缘出血性梗死（图2-1-20）、雀斑肾（图2-1-15）、淋巴结水肿出血并呈大理石样变（图2-1-21）、扁桃体出血坏死（图2-1-22，图2-1-23）、喉头及会厌软骨出血（图2-1-24）、胸腹腔浆膜针尖状出血。

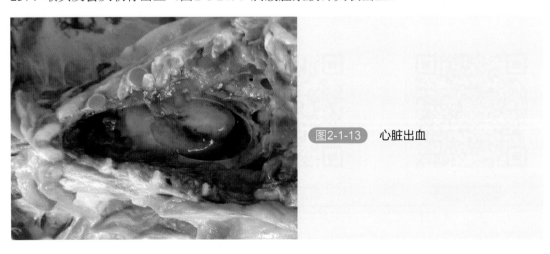

图2-1-13　心脏出血

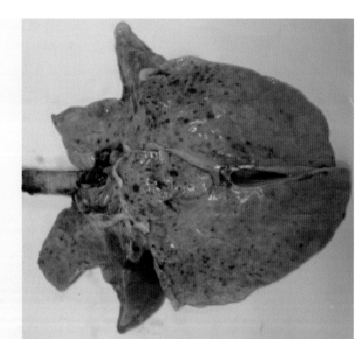

图2-1-14　肺出血

图2-1-15　雀斑肾

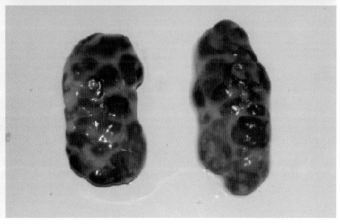

图2-1-16　淋巴结肿胀出血

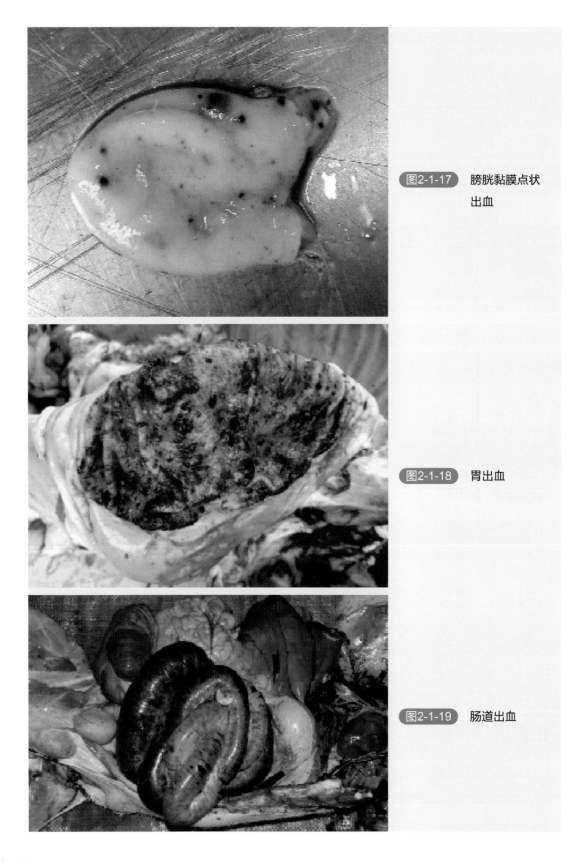

图2-1-17 膀胱黏膜点状出血

图2-1-18 胃出血

图2-1-19 肠道出血

图2-1-20 脾脏梗死

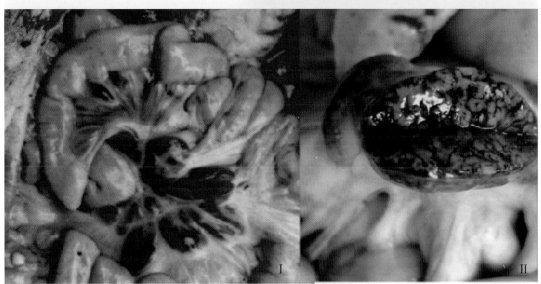

I   II

图2-1-21 淋巴结的出血性病变

Ⅰ——病猪淋巴结外观；Ⅱ——淋巴结的切面，大理石样

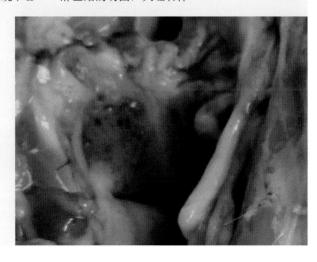

图2-1-22 扁桃体出血

图2-1-23　扁桃体坏死

图2-1-24　喉头和会厌软骨的出血点

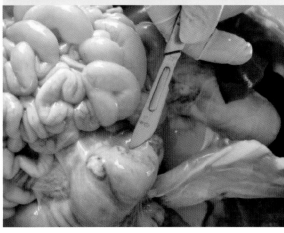

图2-1-25　肠道淋巴滤泡坏死

病程较长或发生慢性猪瘟时，盲肠、结肠和回盲瓣等处淋巴滤泡肿大、坏死形成轮层状，形似纽扣状溃疡（图2-1-25，图2-1-26）。

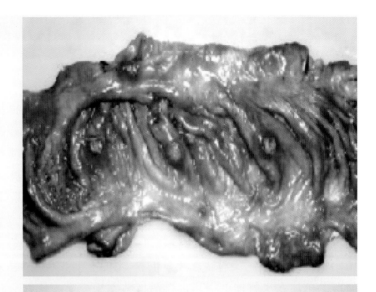

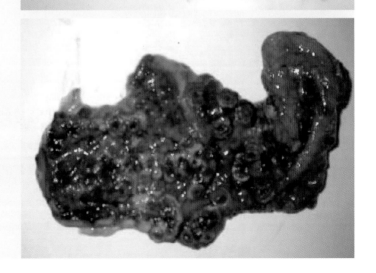

图2-1-26 慢性猪瘟肠黏膜的纽扣状肿

【诊断】

典型猪瘟可通过临床症状、流行病学信息和病理变化进行初步诊断，但该病的确诊，特别是慢性或非典型猪瘟，需要将样品送至专业实验室进行病毒的分离鉴定或病毒核酸的 RT-PCR、荧光定量 PCR 检测。

【预防】

猪瘟无特效药物，生物安全、疫苗免疫和扑杀发病猪是防控猪瘟的主要策略。目前我国主要使用安全性和免疫保护效果好的猪瘟兔化弱毒疫苗 C 株进行大规模免疫来防控猪瘟，已取得了很好的预防效果。2018 年基于 E2 蛋白的重组亚单位疫苗也已上市。免疫程序：种猪群宜普免，一年接种 3 次；仔猪的免疫则应根据母源抗体水平的高低确定首免时间，一免后 1 个月左右进行二免。由于 C 株免疫容易受到母源抗体、免疫抑制性病原、疫苗运输和保存等因素的影响，各养猪场需要根据该场的健康状况制定个性化的免疫程序，并定期进行免疫监测以确保猪群有较高的群体免疫保护水平。要注意蓝耳病不稳定猪群 PRRSV 感染对猪瘟免疫的抑制作用。自 2008 年猪瘟疫苗的抗原含量提高后，母猪群的抗体水平整体上很高，母源抗体水平也高，使首免时间推后，而很多猪群的商品猪 PRRSV 的感染时间在仔猪 40～60 日龄，这个时期 PRRSV 的感染对商品猪群猪瘟免疫的一免和二免均存在影响。因此，要做好商品猪猪瘟的免疫，控制好 PRRSV 的感染特别重要。

发生疫情时应及时隔离、无害化处理感染发病生猪，全场消毒，并对其他生猪采取紧急接种措施。种猪群肌内注射 2 头份/头高效价猪瘟疫苗；保育、育肥猪肌内注射 1～2 头份/头高效价猪瘟疫苗；新生仔猪可执行超前免疫（仔猪出生后、采食初乳前肌内接种 1 头份/头猪瘟疫苗，接种后 1～2 小时再采食初乳）。

【治疗】

本病无特效药物进行治疗，且该病为一类动物疫病，不允许对发病猪治疗，只能进行扑杀处理及无害化处理。

第二节　猪繁殖与呼吸综合征

猪繁殖与呼吸综合征是由猪繁殖与呼吸系统综合征病毒（Porcine reproductive and respiratory syndrome Virus，PRRSV）引起的以繁殖障碍和呼吸系统症状为特征的一种急性、高度传染的病毒性传染病。部分病猪耳部发紫、发蓝，故俗称"蓝耳病"。

本病最早于 1987 年发生于美国，随后在加拿大，德、法、英等欧洲国家和亚洲一些国家相继发生，是危害养猪业最严重的传染病之一，广泛分布于世界各国。我国于1996年首次暴发，并在不长的时间内流行到我国主要的养猪地区。2006年出现并迅速在我国流行，并引起仔猪、育肥猪和种猪大量发病死亡的猪"高热病"即是由变异的高致病性PRRSV毒株所引起。该病在我国的流行率极高，是影响我国养猪业健康发展的最严重的疫病之一。变异株至今仍是流行于我国猪群的优势流行毒株，但相比于"高热病"最初出现的几年，现PRRSV对猪群的危害已明显下降，高死亡率已不多见。近几年，又出现了一种流行范围广的新毒株（即类NADC-30），该毒株主要影响母猪的生产性能，现有疫苗对该毒株的预防效果不好。

【病原】

PRRSV为动脉炎病毒科、动脉炎病毒属的成员，是一种有囊膜的单股正链RNA病毒，病毒粒子呈球形，直径为50～65纳米。病毒有2个血清型，欧洲型（1型，代表毒株为LV）和美洲型（2型，代表毒株为VR332），我国分离到的毒株主要为美洲型，也偶见有欧洲型毒株感染的报道。两个型间的病毒基因组结构相同，但基因序列的同源性不高，抗原性差异也大，有部分交叉免疫保护反应。病毒主要在肺泡巨噬细胞和其他组织的巨噬细胞中生长。PRRSV的一个重要特点是病毒基因组变异快，不同毒株之间通过基因重组容易出现新的毒株，我国有多达8个不同的弱毒疫苗株在使用，使这一问题进一步严重化。PRRSV的另一值得关注的特点是抗体依赖性感染增强（ADE），PRRSV的ADE现象大家谈得多，但研究资料很少，笔者认为在临床上ADE现象应该不严重，否则解释不了较多的低抗稳定猪场的存在。病毒对酸、碱都较敏感，尤其很不耐碱，一般的消毒剂对其都有杀灭作用。

【流行特点】

本病只感染猪，各种年龄和品种的猪均易感，病猪和带毒猪是传染源。本病传播迅速，主要经呼吸道感染，空气传播是其重要传播方式。公猪还可以通过精液传播给母猪，母猪可以通过胎盘传播给胎儿。当健康猪与病猪接触（如同圈饲养）、频繁调运，都容易导致本病发生和流行。本病隐性感染和亚临床感染十分普遍，感染之后是否发病与猪场饲养条件、猪群抵抗力及感染毒株的致病性等多种因素有关。猪场卫生条件差、猪舍内温湿度不合适、空气质量不好和饲养密度大等均可促进PRRS的发生。母猪群生产稳定的一点式猪场，仔猪的感染时机多在40～60日龄，而母猪群PRRSV感染不稳定，仔猪在产房即有感染的发生。PRRSV感染的另外一个重要流行病学特点是持续性感染现象，饲养管理不规范的猪场，PRRSV入侵后可长期在猪群内循环，这是PRRS不好控制的重要原因。

【症状】

人工感染的潜伏期为4～7天，自然感染一般14天左右。临床症状与猪群的感染状态及毒株有关，通常情况下，以妊娠中后期繁殖障碍和仔猪呼吸道综合征症状为主要特征，肥猪发病症状不明显，但2006年及其后的几年，高致病性毒株也引起了大量成年猪的死亡，但目前这种情况已不多见。

（1）母猪　通常出现一过性的精神倦怠、厌食、体温升高等症状，妊娠后期发生早产、流产（图2-2-1）、产死胎（图2-2-2）、木乃伊胎及弱仔。妊娠早期感染可导致胚胎吸收或流产，母猪发生返情；或者母猪生产正常，但是弱仔和产死胎的比例明显增加，如果较正常情况下增加2倍以上，则应考虑是否为该病导致。重胎期的母猪感染PRRSV后除流产外，还有一定的死亡率。

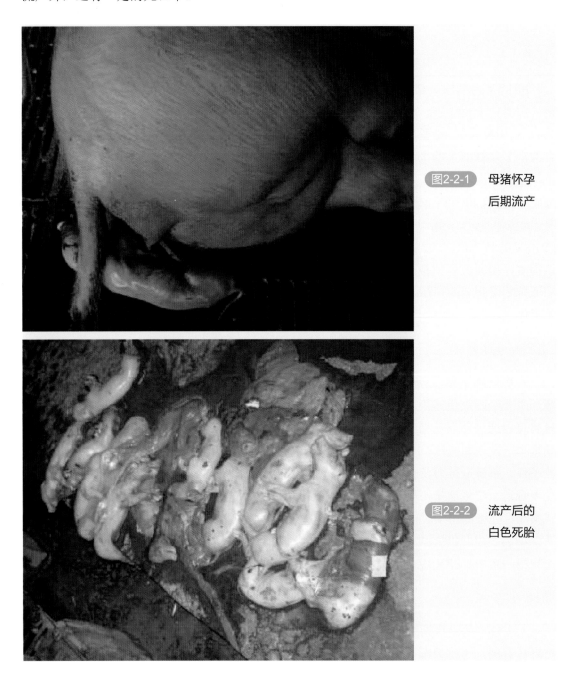

图2-2-1　母猪怀孕后期流产

图2-2-2　流产后的白色死胎

（2）公猪 表现咳嗽、打喷嚏、精神沉郁、食欲不振、呼吸急促、运动障碍、性欲减弱、精液质量下降及射精量少。用这样的精液配种，将会导致母猪的大量规律返情。

（3）仔猪 以保育中后期仔猪多发，如果母猪群不稳定则哺乳仔猪和保育前期的仔猪也可感染发病。发病仔猪多表现为被毛粗乱、精神不振、呼吸急促、有眼结膜炎、生长发育受阻、逐渐消瘦（图2-2-3）；常常伴有细菌的继发感染，表现出肺炎和关节炎；少数仔猪耳朵和躯体末端皮肤发绀等（图2-2-4～图2-2-6）；个别猪只肌肉震颤、后肢麻痹（图2-2-7）。除2006～2008年感染仔猪死亡率高外，其余年份如果没有继发感染死亡率一般不高。

图2-2-3 发病慢性消瘦

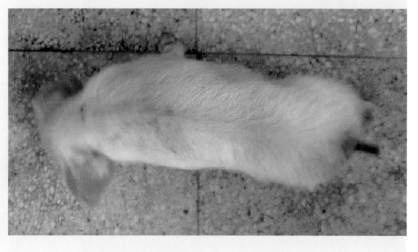

图2-2-4 保育猪耳朵、尾部发绀

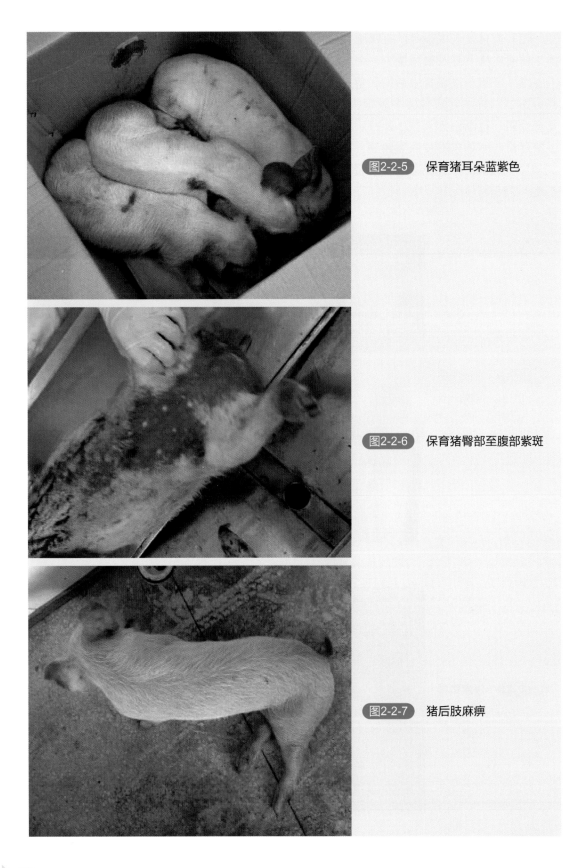

图2-2-5　保育猪耳朵蓝紫色

图2-2-6　保育猪臀部至腹部紫斑

图2-2-7　猪后肢麻痹

（4）育成猪 多是一过性发热，部分猪除体温升高外，还可能有精神沉郁、食欲降低、眼睑肿胀、结膜炎和肺炎、流鼻涕、呼吸困难等症状。

高致病性蓝耳病的症状除上述特征之外，各阶段的猪都有可能死亡，病猪会出现高热，体温41℃以上，结膜炎，耳朵和皮肤发红（图2-2-8）、发紫，喘气，呼吸困难。

图2-2-8 "高热病"全身皮肤发红

【病理变化】

低致病性的毒株感染之后病理变化可能不明显，主要表现为肺脏的轻度水肿和间质性肺炎（图2-2-9，图2-2-10）。

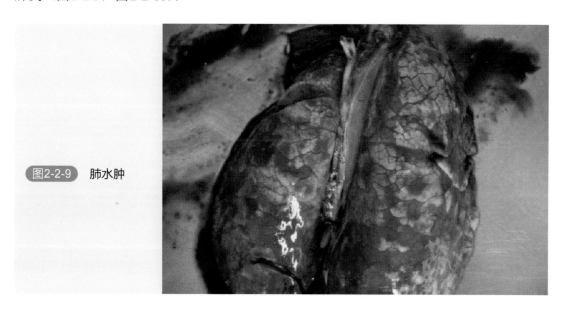

图2-2-9 肺水肿

图2-2-10 肺水肿

　　高致病毒株感染主要眼观病变是肺脏间质性肺炎，可以看到肺脏明显的间质增宽（图2-2-11～图2-2-13）；肺脏肉样实变，呈红褐色且质地变得坚实（图2-2-14）；淋巴结水肿，有时出血病变明显，呈棕褐色（图2-2-15）。

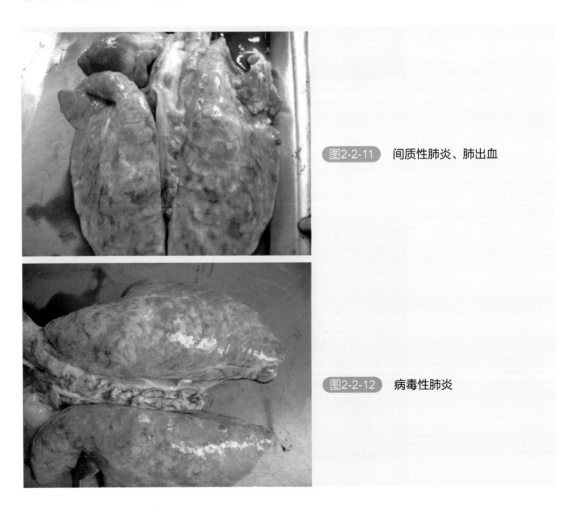

图2-2-11 间质性肺炎、肺出血

图2-2-12 病毒性肺炎

 病毒性肺炎、肺出血

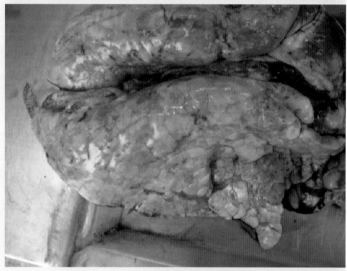

图2-2-14 病毒性肺炎结合肺气肿

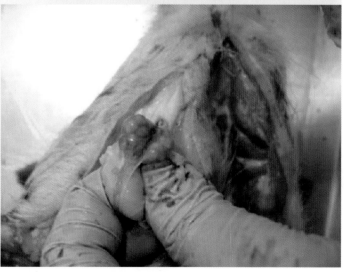

图2-2-15 淋巴结边缘出血

高热病除肺脏有明显间质性肺炎外，还可见心脏衰弱（图2-2-16，图2-2-17）、心冠脂肪胶冻样变（图2-2-18），肾脏有出血点（图2-2-19），胃出血（图2-2-20），眼结膜炎（图2-2-21），偶见脾脏边缘出血（图2-2-22）。

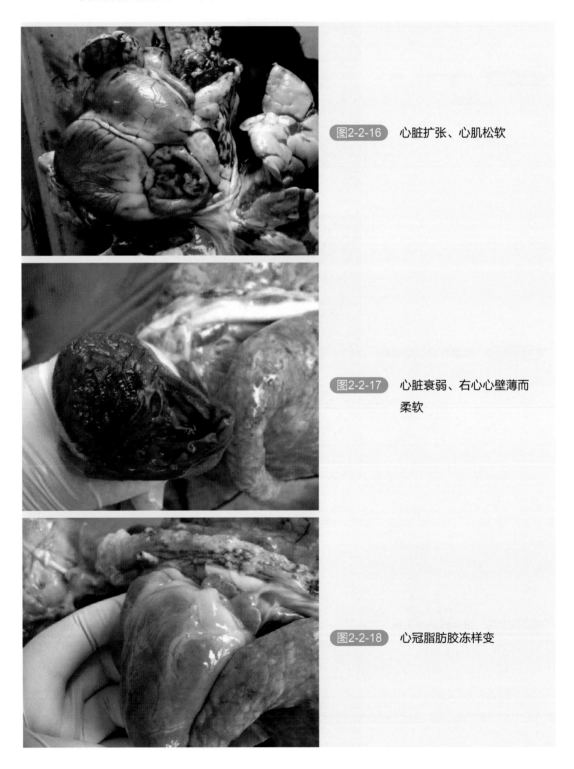

图2-2-16　心脏扩张、心肌松软

图2-2-17　心脏衰弱、右心心壁薄而柔软

图2-2-18　心冠脂肪胶冻样变

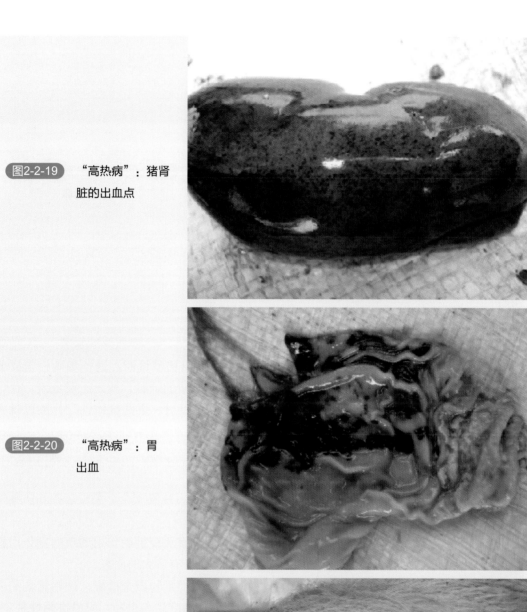

图2-2-19 "高热病"：猪肾脏的出血点

图2-2-20 "高热病"：胃出血

图2-2-21 "高热病"：眼结膜炎

图2-2-22 "高热病"：脾脏边缘出血

【诊断】

根据PRRS的传播特点、临床症状及剖检特点可做出初步诊断，进一步确诊需要分子生物学诊断、血清学鉴定或病毒分离鉴定。可采取病猪的肺脏、淋巴结及血液，进行PRRSV的RT-PCR检测。对于非PRRSV疫苗免疫场，可以对N蛋白抗体进行检测以确定是否感染。

【防制】

猪蓝耳病的综合防控措施有4个方面：饲养管理规范、生物安全、免疫防控和防继发感染。

① 饲养管理规范是保证猪群健康的基础，而对于具有免疫抑制作用的疾病则作用特别明显，健康水平高的猪只即使感染了PRRSV也可能不会有多大的危害。

② PRRSV阴性猪群和PRRS低抗稳定猪群应高度重视生物安全措施，严格猪场的人流和物流进出，尽量不让外面的强病毒传入到猪群内，高度注意引种，应引进阴性种猪。同时对于阴性猪群还应按计划加强免疫监测，发现有偶尔转阳的猪只和虽然是阴性但抗体检测值偏高的猪要及时处理掉。

③ PRRSV阴性场或低抗稳定场如果要选择免疫接种，种猪最好考虑接种抗原量足够的灭活疫苗或接种经典株的疫苗，但商品猪则可不需要接种。PRRSV不稳定猪场一般存在PRRSV变异株等毒力强的毒株，免疫接种最好做到高抗稳定，即要求种猪群的抗体阳性率高、平均抗体水平高（S/p应高于1.6，1.8 ～ 2.0则最好），变异系数在35%以下。存在有强毒株的猪场，一般种猪可以做到有效免疫，但要免疫好仔猪则很难，最好是分点饲养。

④ 种猪群感染了PRRSV用抗生素防继发感染对恢复猪群稳定很有必要，但应只是临时措施，重点应是有效的免疫防控。而对于PRRSV感染压力大的一点式生产的阳性场，

用抗生素防仔猪的继发感染则一般是不得不用的常规措施了。但要使用好抗生素，除使用对细菌敏感的药物外，种猪群的PRRSV抗体水平不能参差不齐。母猪抗体水平较高、整齐度好的猪群，仔猪的PRRSV感染多发生在40～60日龄之间这一较短的时期内，这样有利于集中使用抗生素防继发感染。但如果抗体水平整齐度差，仔猪在产房、保育早期和保育中后期均存在有PRRSV的感染，这样导致猪群使用抗生素过多，严重影响猪只的健康水平，防控效果将会极差。因此，做好母猪群的免疫也是做好仔猪PRRS防继发感染的关键因素。

【治疗】

生猪感染发病后，应及时将发病生猪隔离，并用头孢噻呋钠按3～5毫克/千克体重肌内注射以控制细菌继发感染，并配合使用板蓝根注射液或金银花、黄芩提取物进行抗病毒治疗，每天2次，连用3天。同时，给发病猪同群的临床健康生猪按每吨饲料含酒石酸泰万菌素有效成分50～100克、多西环素有效成分150～250克拌料饲喂，控制细菌继发感染，连用7天。另外可适当添加葡萄糖、多种维生素、黄芪多糖等，同时加强猪舍温度和空气质量的维护以提高猪群机体抵抗力。

第三节　口蹄疫

口蹄疫（foot-and-mouth disease，FMD）是由口蹄疫病毒（foot-and-mouth disease virus，FMDV）引起的急性、热性、高度接触性传染的动物疫病。发病生猪特征症状为口、鼻、蹄和母猪乳头等部位出现水泡，或水泡破损后形成溃疡或斑痂，表现流涎、跛行和卧地，由此导致生产力大幅下降。国际动物卫生组织（OIE）将该病列为法定上报的动物传染病，我国也将其列为一类动物传染病之首。

【病原】

口蹄疫病毒属小RNA病毒科、口蹄疫病毒属的成员，为球形无囊膜的病毒粒子，呈正二十面体，大小20～25纳米。口蹄疫病毒基因组为单股正链RNA分子，全长约8500nt，由5′端和3′端的非编码区和中间一个大的开放阅读框（ORF）组成。

根据病毒抗原的差异，口蹄疫病毒可分为A、O、C、Asia1、SAT1、SAT2和SAT3（South Africa type，SAT）7个血清型，虽然各型病毒引起的发病征候相同，但不同血清型间无交叉免疫保护，病后康复或免疫动物仍可感染其他血清型病毒而发病。

FMDV的抵抗力比较强，在4℃时比较稳定，于-20℃及其以下的温度可保存几年。病毒对乙醚、氯仿有抵抗力，苯酚和酒精对FMDV灭活作用不强，但不耐乳酸、次氯酸和甲醛。FMDV在pH7.4～7.6很稳定，但对酸非常敏感，pH6.8以下即不稳定，在pH6.5的缓冲液中，在4℃条件下14小时可灭活90%；对紫外线敏感，直射阳光下1小时病毒即可被杀死。本病毒对碱也十分敏感，畜舍的消毒常应用石粉、NaOH进行消毒，30%草木灰水也可杀死病毒。

【流行特点】

该病可快速远距离传播，侵染对象为猪、牛、羊等主要畜种及其他偶蹄动物。许多野生动物也可感染，如野猪、羚羊、鹿、骆驼、刺猬；人偶尔也会感染，易感动物多达70余种。

发病初期的家畜是最危险的传染源，感染动物的分泌物、排泄物（唾液、粪便、尿液、乳汁、精液等）和病变表皮，甚至是呼出气及动物产品（冻肉、头蹄、内脏、乳制品等）均可传播病毒。病毒一般是通过直接接触的形式传播，也可经过消化道和呼吸道传播。

口蹄疫的潜伏期短（2～14天），发病急，动物感染病毒后十几个小时就可以发病。在非疫区，该病传播速度非常快，发病率高达100%。口蹄疫一年四季均可发生，但气温和光照强度等条件对口蹄疫病毒存活有直接影响，因此口蹄疫的流行表现出一定的季节性，通常是冬春低温季节多发，夏秋高温季节少发。

【症状】

病初体温升高，40～41℃，精神沉郁，食欲废绝。口、鼻（图2-3-1）、蹄（图2-3-2，图2-3-3）和母猪乳头（图2-3-4）等部位发生水泡，或水泡破溃后形成的溃疡或斑痂（图2-3-5～图2-3-7），跛行和卧地。如无细菌感染，母猪和肥猪1周左右可以痊愈。若出现继发感染，蹄壳可出现脱落，患肢不能着地，常卧地不起。哺乳仔猪感染该病毒可出现心肌炎，表现为突然死亡。

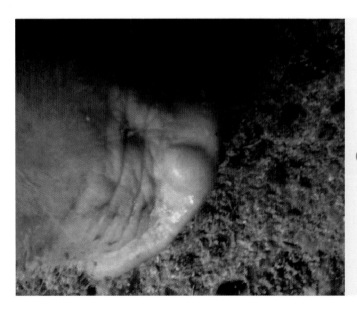

图2-3-1 　猪吻突白色水泡

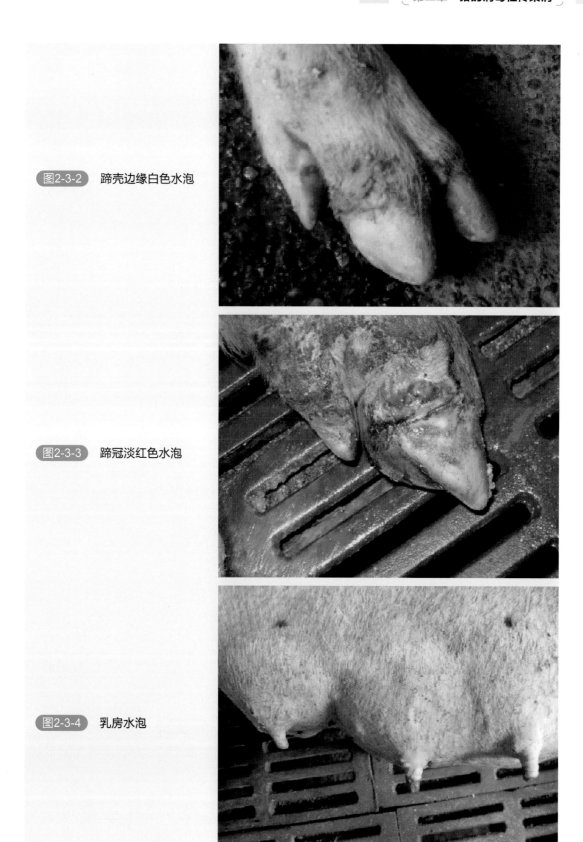

图2-3-2　蹄壳边缘白色水泡

图2-3-3　蹄冠淡红色水泡

图2-3-4　乳房水泡

图2-3-5 蹄冠水泡破裂

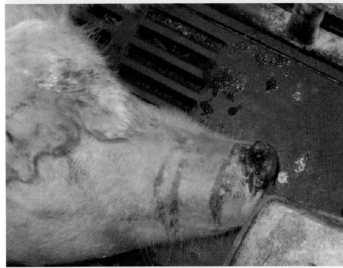

图2-3-6 母猪吻水泡突破裂
后烂斑

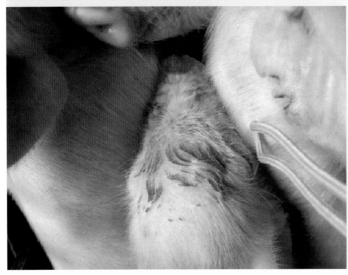

图2-3-7 小猪吻突水泡

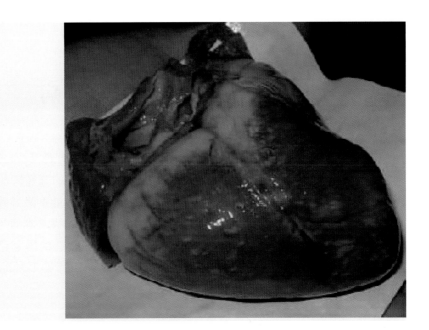

图2-3-8 虎斑心

【病理变化】

口、鼻、蹄和母猪乳头等部位发生水泡，或水泡破溃后形成的溃疡或斑痂。心肌炎病例心脏表面有灰白色或淡黄色斑点或条纹，形成"虎斑心"（图2-3-8）。

【诊断】

根据流行病学、临床症状和病理剖解特点可做出初步诊断，确诊可采集水泡皮、水泡液进行实验室RT-PCR检测。此外还可采集血液进行野毒感染性抗体的检测来监测猪群是否存在过口蹄疫病毒的感染。

【预防】

做好生物安全，防止病毒带入猪场；选用高质量的商品疫苗进行免疫接种，种猪可在每年3月、10月、11月和12月各普免1次口蹄疫疫苗；商品猪可在50、80日龄分别接种1次口蹄疫疫苗。

【治疗】

该病属于一类动物疫病，动物防疫法不允许进行治疗。发生本病后应上报防疫部门处理。

第四节　猪伪狂犬病

猪伪狂犬病（porcine pseudorabies）是由猪伪狂犬病毒（porcine pseudorabies virus，PRV）引起的一种急性传染病。最明显的特征是感染母猪的繁殖障碍、新生仔猪的高死亡率和产房仔猪及断奶仔猪的神经症状，感染公猪的精液质量下降导致母猪受胎率降低。另外，还可引起仔猪的腹泻和肥猪、成年种猪的呼吸系统症状。本病是危害养猪业最严重的传染病之一，广泛分布于世界各国。不过，多数养猪业发达的国家已消灭了该病。

本病于1813年首次发生于美国的牛群中，PRV可以感染多种动物，猪是感染后可以存活的唯一物种，因此，也是PRV的储存宿主。

【病原】

伪狂犬病毒属于疱疹病毒科（Herpesviridae）、α-疱疹病毒亚科。只有一个血清型，但毒株间毒力存在差异。病毒基因组为双线状DNA分子，病毒粒子呈球形或椭圆形，直径为150～180纳米，最外层是病毒囊膜。PRV基因组很大，大小约180kb，编码各类蛋白的基因种类多达70余个。其中有多种诱导免疫保护的糖蛋白基因（如 gB、gC、gD）和病毒复制的非必需基因（如 gE、TK）。目前的PRV疫苗主要为缺失 gE 基因的自然弱毒苗或基因工程苗，此类疫苗免疫不会刺激动物产生针对gE蛋白的抗体。因此，习惯上将gE抗体称作野毒抗体。糖蛋白gB是重要的免疫保护蛋白，因而相应地称gB抗体为免疫抗体。

伪狂犬病毒是疱疹病毒科中抵抗力较强的一种。在37℃下半衰期为7小时，8℃可存活46天，在25℃干草、树枝、食物上可存活10～30天，60℃、60分钟可灭活病毒。短期保存时，4℃比-15℃和-20℃冷冻保存更稳定。福尔马林、2%氢氧化钠、磷酸三钠碘消毒剂、1%～2%的季铵类化合物、次氯酸盐、氯制剂都是有效的消毒剂。

【流行特点】

猪是PRV唯一自然宿主，但病毒可自然感染牛、羊、猫、犬和老鼠等动物，但只有猪在自然感染PRV后能够存活。感染猪的分泌物、排泄物和呼吸物都含有高浓度PRV。在阴道和包皮分泌物中可发现病毒，感染公猪的精液中有病毒的存在。病毒主要通过猪鼻与鼻的直接接触或通过病毒污染物间接接触传播。也可通过配种时接触污染的阴道黏膜和精液，及在妊娠时经胎盘传播。生猪感染的可能性取决于接触毒株的毒力、剂量、途径，以及猪的年龄、应激及动物所处的环境条件。与经鼻腔感染相比，经口感染和肌内接种均需要较大的病毒剂量。如果病毒传入阴性猪群或免疫水平很差的猪群，病毒在猪群内传播速度会很快。但在有一定免疫保护的猪群内，PRV的传播速度则相对较慢。同群内的感染速度也与猪只之间的接触概率有很大的关系，同栏内感染率很高，而栏与栏之间却可以较低。PRV在猪群之间的传播速度较慢，一点式饲养的猪场比分点式饲养的猪场更容易出现PRV的循环传播。

当前常发生感染的生猪主要为特异性抗体水平不高（没有免疫、免疫次数不够、免疫时间不合理等）的各类猪群，如母源抗体不高的哺乳仔猪和育肥中后期生猪。此外，病毒一旦进入猪场可引起生猪长期带毒，造成持续性感染，当猪群受到免疫抑制性因素（应激、免疫抑制性病原感染、霉菌毒素中毒等）的影响或者混入新的抵抗力不够的PRV阴性后备种猪，常又可出现新一轮感染发病，或猪场内虽无明显发病生猪但伪狂犬病毒野毒排毒量和隐性、亚临床型感染病例增加的问题。

在2006年发生"高热病"之前，我国的养猪人多不怎么重视伪狂犬的免疫接种，很多猪群PRV野毒感染率极高，但此后猪场对PRV的免疫接种的意识普遍加强，到2010年，很多猪群的PRV野毒的感染率已很低，甚至已检测不到gE抗体阳性的猪只。因而，在养猪业内开始认为PR已不再是一个危害很大的疫病。但2011年开始PRV的感染又在全国范围内严重反弹，母猪的繁殖障碍和仔猪的死亡率非常严重，并出现肥猪和母猪死亡的现象。虽然自2015年后出现严重临床表现的情况明显好转，但猪群的带毒情况至今仍然很严重。

【症状】

临床症状随年龄、感染毒株的毒力和剂量以及免疫状态的不同而有很大差异。

（1）2周龄以内的哺乳仔猪：发热、厌食、精神沉郁，然后出现发抖，共济失调，后肢麻痹，间歇性痉挛，前进、后退、转动、倒地或四肢划动等神经症状（图2-4-1，视频2-4-1）。常有癫痫样发作或昏睡，触摸时肌肉抽搐，最后衰竭死亡，死亡率可达100%。病毒侵袭至消化系统时小猪可出现呕吐、腹泻（图2-4-2）。

（2）断奶仔猪：根据免疫状态差异，表现出不同的发病率，主要表现为发热、精神沉郁（图2-4-3）；打喷嚏（鼻腔有分泌物）、咳嗽；腹泻、少数猪发病期间可出现呕吐，症状持续5～10天，多数可自愈。少量个体可出现后肢麻痹、共济失调和转圈等神经症状（视频2-4-2），出现神经症状的小猪一般以死亡为结局（图2-4-4、图2-4-5）。

视频2-4-1

（扫码观看：猪伪狂犬病，
新生仔猪神经症状）

视频2-4-2

（扫码观看：仔猪伪狂犬病
神经症状，转圈）

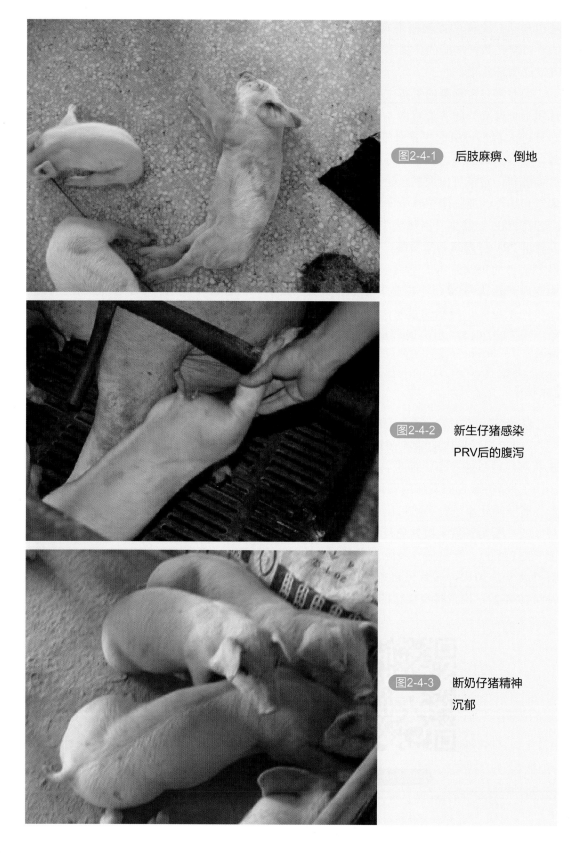

图2-4-1　后肢麻痹、倒地

图2-4-2　新生仔猪感染
　　　　　PRV后的腹泻

图2-4-3　断奶仔猪精神
　　　　　沉郁

图2-4-4 断奶仔猪神经症状

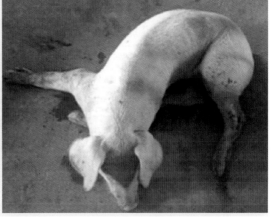

图2-4-5 断奶仔猪四肢麻痹

（3）2月龄以上的猪：一般无严重临床发病表现，有症状者主要表现为发热、精神沉郁、群体内少量病猪出现呕吐。呼吸系统可表现出打喷嚏、鼻腔有分泌物、咳嗽、轻度至重度呼吸症状，一般4～8天完全恢复，出栏时间推迟1周左右。如果出现传染性胸膜肺炎放线杆菌、多杀性巴氏杆菌等继发感染，或发病后处理错误、不科学使用药物，可出现较大损失。

（4）母猪：母猪往往可出现短暂的发热症状。临产期母猪产出死胎、弱仔；妊娠母猪主要表现为产白色或黑色死胎、木乃伊胎（图2-4-6），感染后的母猪群体返情率明显增加。

图2-4-6 怀孕母猪流产

（5）公猪：主要表现为睾丸肿胀、萎缩、丧失种用能力。用带有PRV的精液接种，如果母猪有较强的免疫保护水平，母猪可能不被感染，但配不上种，表现出规律返情。

【病理变化】

7日龄以内的哺乳仔猪主要表现为肾脏有针尖出血点（图2-4-7），扁桃体（图2-4-8）、肝脏（图2-4-9）和脾脏（图2-4-10）有散在白色坏死点。肺水肿、小叶性间质性肺炎（图2-4-11），或肺出血（图2-4-12）。如有神经症状，则可见脑膜出血（图2-4-13）、脑组织充血（图2-4-14）、脑脊液增多（图2-4-15）。

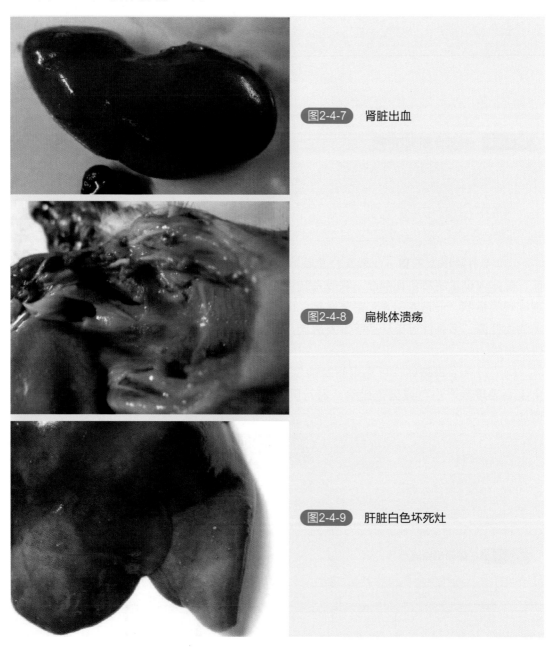

图2-4-7　肾脏出血

图2-4-8　扁桃体溃疡

图2-4-9　肝脏白色坏死灶

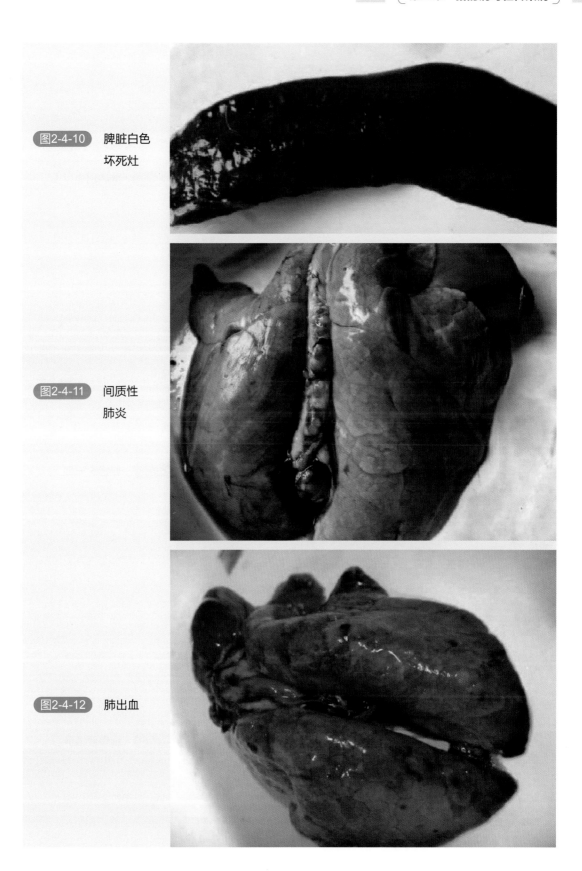

图2-4-10　脾脏白色坏死灶

图2-4-11　间质性肺炎

图2-4-12　肺出血

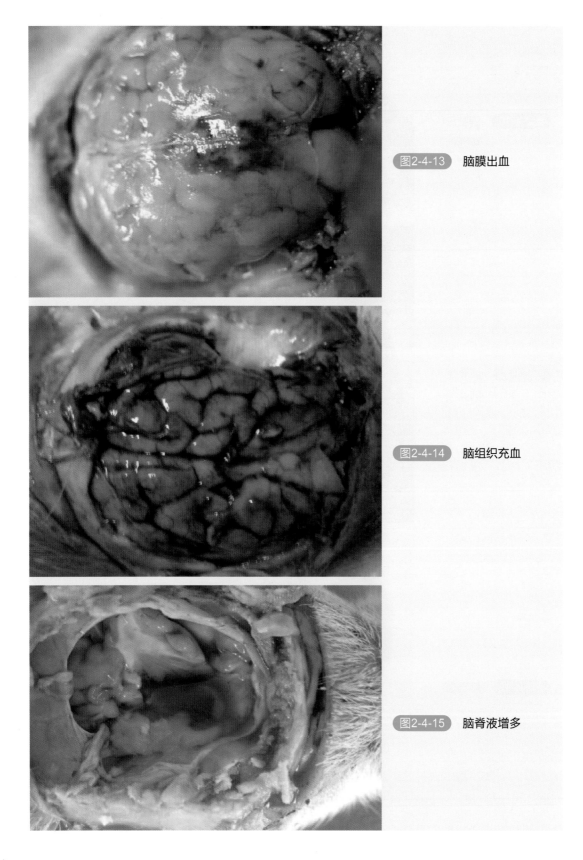

图2-4-13 脑膜出血

图2-4-14 脑组织充血

图2-4-15 脑脊液增多

7日龄以上哺乳仔猪多数仅可出现间质性肺炎（图2-4-16）、肺出血（图2-4-17）、肾脏出血（图2-4-18）、淋巴结边缘出血（图2-4-19）等病理变化。

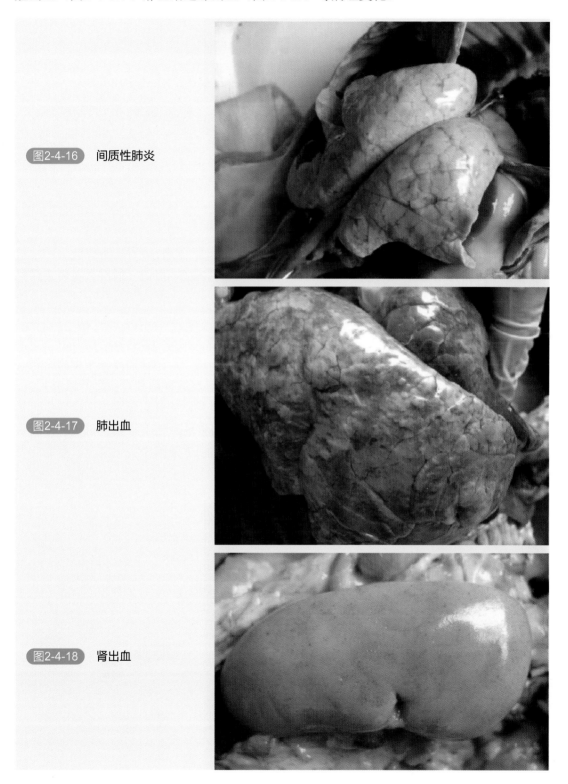

图2-4-16　间质性肺炎

图2-4-17　肺出血

图2-4-18　肾出血

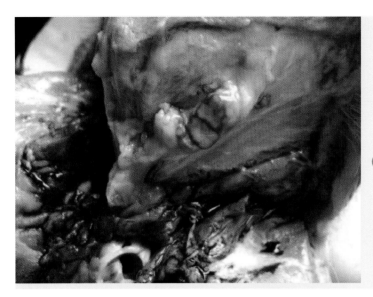

图2-4-19　淋巴结边缘出血

　　流产胎儿的脑组织和臀部皮肤有出血点，肾脏和心肌出血，肝脏、脾脏有灰白色坏死灶。其他群体感染后病理变化不明显。

【诊断】

　　根据流行病学、临床症状和病理变化，可初步诊断。进一步确诊需要分子生物诊断或血清学检测，以及动物试验。可采取病猪脊髓、脑组织等，进行伪狂犬病毒的PCR检测。也可取病猪脊髓、脑组织匀浆再加双抗无菌处理后接种家兔，接种家兔可出现奇痒症状并死亡（图2-4-20）。另外在没有接种过非 *gE* 基因缺失苗的猪场，还可采集生猪血液分离血清，进行 gE 野毒抗体鉴别诊断。但是要注意有些疫苗可能 *gE* 基因缺失不完全，免疫后仍然可能检测到 gE 抗体。

图2-4-20　家兔接种部位
　　　　　　奇痒

【预防】

免疫接种是预防和控制本病的主要措施。种猪群每年普免3～4次伪狂犬病毒疫苗。商品猪群：① 野毒阳性且临床表现不稳定的猪场，仔猪在1日龄滴鼻、60～75日龄和90日龄分别肌内注射1次伪狂犬病毒疫苗；② 野毒阳性且临床表现稳定的猪场和野毒阴性场均可以根据母源抗体消失的情况，在50～75日龄和90日龄分别肌内注射1次伪狂犬病毒疫苗。

做好伪狂犬疫苗免疫的重要因素之一便是控制好猪群内PRRSV和PCV2。在多数蓝耳病阳性场，商品猪感染PRRSV的高峰期在保育中后期仔猪，并可影响到育肥早期，而PCV-2主要影响的是育肥猪舍中早期的肥猪。因此，PRRSV可影响商品猪伪狂犬疫苗的首免（不算滴鼻），而PCV2的感染则影响伪狂犬疫苗二免。

PRV在猪群内部循环的源头是猪场内的种猪群，但最大的传播源却是本场的肥猪群。因此，控制好猪场内肥猪群的PRV感染是控制好伪狂犬病的一个前提条件。而相对来说，种猪群的PRV免疫接种比较容易做好，也更容易受人重视。商品猪群免疫接种到位的前提条件是：① 根据母源抗体的消长制定针对性的免疫程序；② 控制好PRRSV和PCV-2的感染。满足了这两个条件，选择质量好的疫苗，猪群内伪狂犬病的控制乃至消失并不是很难的事。此外，感染猪是本病的重要带毒者，野毒感染阳性场也应引进野毒抗体阴性的种猪。另外，消灭鼠类对预防本病具有重要意义。

【治疗】

本病无特效治疗方法。伪狂犬野毒阳性猪群，当猪群生产不稳定，保育、育肥猪感染伪狂犬病毒，表现有体温升高、呼吸道问题增多时，可按每吨饲料添加阿莫西林200～400克（以阿莫西林计），连用5～7天，控制细菌继发感染，并添加含黄芩成分中草药进行抗病毒治疗（添加量根据具体药品说明进行）。

第五节　猪圆环病毒病

猪圆环病毒病（PCVD）又称为猪圆环病毒相关疾病（PCVAD），是由猪圆环病毒2（Porcine Circovirus2，PCV2）引起的多种猪病的总称。它包括断奶仔猪多系统衰竭综合征（PMWS）、猪皮炎肾病综合征（PNDS）、仔猪先天性震颤（CT）、猪呼吸系统综合征、肠炎、繁殖障碍等。其中PMWS最为常见，其次是PNDS。PCV2除了本身引起猪病外，还能侵害猪的免疫系统，抑制猪的免疫功能，并与猪繁殖与呼吸综合征病毒、猪流感病毒、猪支原体、副猪嗜血杆菌和猪链球菌等常见病原相互作用，进而加重这些病的危害。在没有有效的疫苗以前，PCVD对感染猪群的危害极大。但自疫苗广泛使用后，PCVD的危害相对明显下降，PMWS、PNDS和CT的发生率明显减少。但由于目前的疫苗免疫只防发病，不能防感染，因此PCV2还广泛流行于各个地方的猪群中，对猪只的免疫力还存在影响，加重了其他疫病的危害。因此，虽然疫苗接种已非常普遍，也产生了很好的效果，但PCV2感染对养猪业的危害仍然很大。

本病于1991年在加拿大首次报道，1997年离到PCV2，但是血清学和病理学回顾性研究发现猪群感染PCV2可追溯到1967年。本病在绝大部分养猪国家和地区都存在流行，且几乎所有的猪群都存在感染，是影响养猪生产的一种极其重要的传染病。

【病原】

猪圆环病毒（PCV）为二十面体对称、无囊膜、单股环状DNA病毒，基因组很小，仅1.76kb。病毒粒子直径为17纳米，是目前发现的最小的动物病毒。PCV最初由德国学者Tischer在猪传代肾细胞系（PK15）中发现，后来Nayar等和Ellis等分别从发生断奶仔猪多系统衰竭综合征的病猪组织中分离到另外一种PCV，该分离毒株与传统的污染PK15细胞的PCV的限制性酶切图谱和抗原性有很大差别。为了便于区分两者，将病猪体内分离到的猪圆环病毒命名为猪圆环病毒2（PCV2），而将从PK15细胞中发现的无致病性的病毒被称为猪圆环病毒1（porcine circovirus type 1，PCV1）。流行病学调查表明，以前PCV1在猪群中感染比较普遍，但自PCV2开始流行后，PCV1在猪群中的感染率就很低了。

过去，PCV1和PCV2被分为两个不同的基因型，2006年，国际病毒分类委员会（ICTV）将其分为两个独立的种，PCV2又被进一步被分为PCV2a、PCV2b、PCV2c和PCV2d等不同的基因型，其中PCV2b和PCV2d的流行比例更高，致病性也更强。

PCV2对外界的抵抗力较强，在pH3的酸性环境中很长时间不被灭活。该病毒对氯仿不敏感，对热有较高的抵抗力，在56℃或70℃处理一段时间不被灭活。常用的消毒剂，如氯制剂、甲醛、碘制剂和酒精可灭活PCV2。

感染猪的圆环病毒，除了PCV1和PCV2之外，还有猪圆环病毒3（PCV3），有报道认为在母猪的繁殖障碍和PDNS中PCV3起到致病作用，但并没有得到同行的公认。

【流行特点】

家猪和野猪是自然宿主，不同品种的猪易感性有所差异，也可从猪场的野鼠中偶尔分到病毒，但其流行病学意义尚不清楚。除少部分第一胎的母猪可能没有被感染外，绝大多数母猪均感染了PCV2，仔猪早期由于受母源抗体的保护不易感染。在以前母源抗体只能持续存在到4～6周龄，因而仔猪断奶后不久即可普遍遭受感染，而近十年来，母源抗体可以存在到8～12周龄，因此，仔猪感染的日龄大大延后，推迟到了3月龄左右。感染猪可以通过鼻液和粪便排毒，病毒可经口腔和呼吸道途径传播，妊娠母猪感染PCV2之后，可经胎盘垂直传染给仔猪，引起繁殖障碍。由于造成机体的免疫抑制，该病可造成持续性感染，公猪感染之后，精液带毒时间可以很长。

本病在所有养猪国家和地区均存在流行，并且感染率高，但感染之后不一定发病，发病需要一定的诱发因素，如不利的环境条件、不适当的免疫刺激（如接种油佐剂疫苗）或其他病原的共同感染。随着疫苗的广泛使用，该病的发病情况显著减少，但是其感染率仍然比较高，这是因为现有的疫苗虽然可以明显降低猪感染后的临床危害，但是并不能完全阻止其感染PCV2。

【症状】

（1）PMWS：发生于在3～12周龄的仔猪，但以4～8周龄的仔猪为主，患猪主要表现为渐进性消瘦、生长发育受阻、体重减轻（图2-5-1）、皮肤苍白、精神委顿、腹股沟淋巴结肿大（图2-5-2）、发病猪多伴有呼吸困难和腹泻、个别猪有黄疸。抗生素治疗效果极差，发病率不高，但死亡率极高。

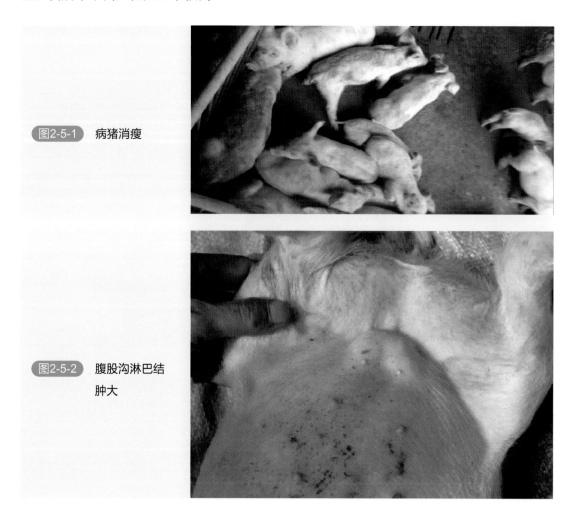

图2-5-1　病猪消瘦

图2-5-2　腹股沟淋巴结肿大

（2）PDNS：可发生于5～24周龄的猪，但多发于10～18周龄的猪。体况正常的猪常被感染，全身皮肤上出现圆形或不规则形的隆起，呈现红色、紫色或棕色的出血性坏死灶（图2-5-3）、病灶常融合成条带和斑块，后肢和会阴部最明显（图2-5-4）。发病温和的猪体温正常，行为无异，常自动康复。发病严重者则发热、厌食或体重减轻。发病率高，常达50%以上，但死亡率一般低于5%。

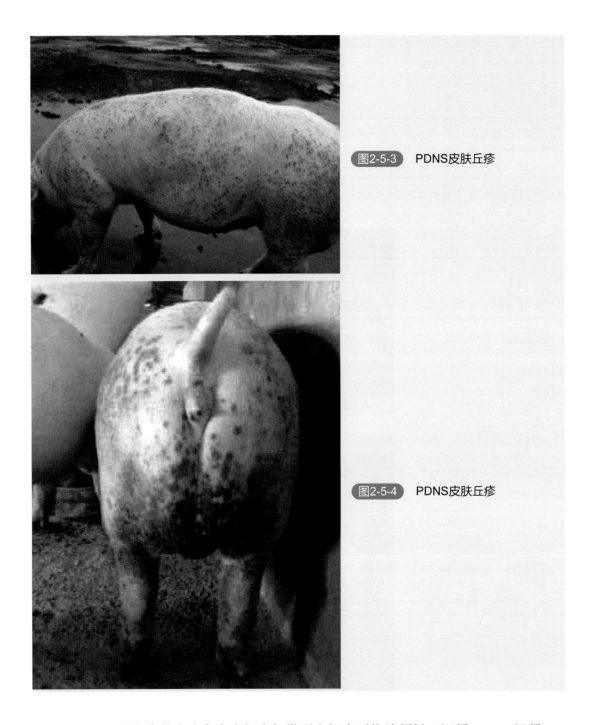

图2-5-3　PDNS皮肤丘疹

图2-5-4　PDNS皮肤丘疹

（3）CT：新出生的小猪全身小幅度轻微到大幅度不停地颤抖（视频2-5-1，视频2-5-2），多发生于第一胎未免疫母猪所生仔猪，第二胎的仔猪也可偶发。只要颤抖的小猪能吃奶，仔猪多不会死亡，随着仔猪的日龄增大，颤抖减轻，多数仔猪可痊愈。

PCV2感染引起的疾病还有增生性坏死性肺炎、繁殖障碍、肠炎、先天性心肌炎和呼吸道综合征，但这些病没有特征性临床表现，难以进行临床诊断。

视频2-5-1

（扫码观看：先天感染圆环
病毒仔猪，颤抖）

视频2-5-2

（扫码观看：先天感染圆环
病毒仔猪，颤抖）

【病理变化】

（1）PMWS：体况较差，表现为不同程度的肌肉萎缩；腹股沟淋巴结异常肿胀（体表的能摸到），切面苍白（图2-5-5），但发病晚期可能发生萎缩后变小；肠系膜淋巴结呈索状肿大（图2-5-6、图2-5-7）；肺门淋巴结肿大（图2-5-8）。肺部的病变主要是增生硬变、质地橡皮样（图2-5-9），多有出血、坏死、肿胀，呈斑驳样外观（图2-5-10）；肾脏肿大苍白，被膜下有白色的坏死（图2-5-11、图2-5-12）；部分病猪出现黄疸，肝脏变暗、肿大或萎缩；脾脏肿大、肉变；盲肠和结肠黏膜充血或淤血。

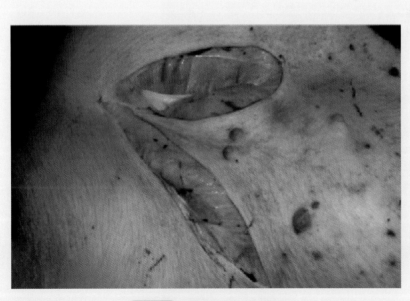

图2-5-5　腹股沟淋巴结肿大

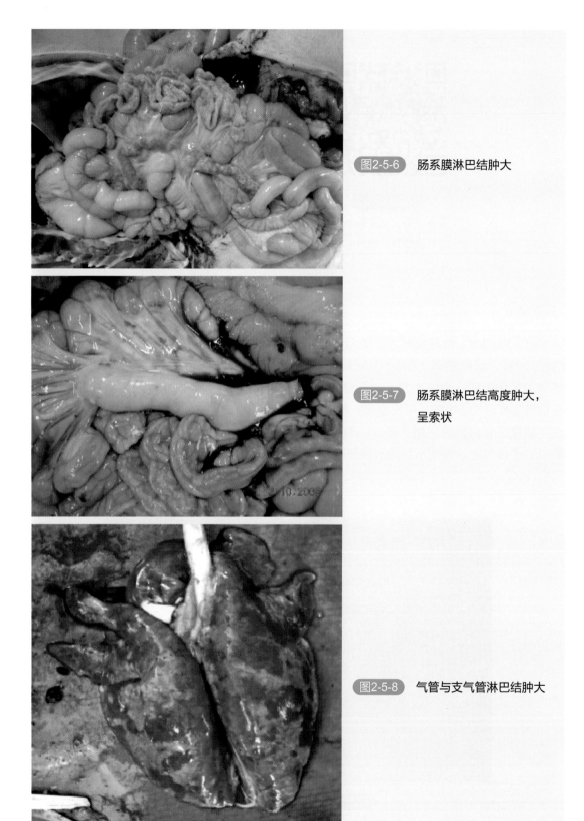

图2-5-6 肠系膜淋巴结肿大

图2-5-7 肠系膜淋巴结高度肿大，呈索状

图2-5-8 气管与支气管淋巴结肿大

图2-5-9 橡皮肺

图2-5-10 肺实变、局部有褐
色斑点

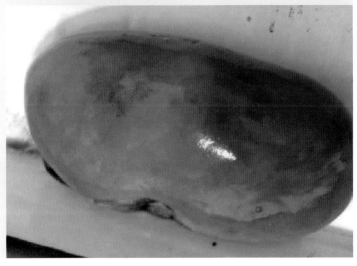

图2-5-11 肾脏肿大

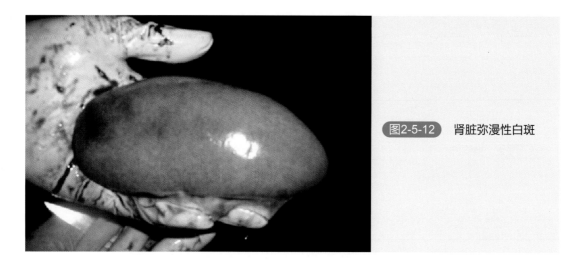

图2-5-12　肾脏弥漫性白斑

（2）PDNS：特征性的病变是肾肿大、苍白，肾的表面有白色小点或白色的斑块（图2-5-13）。

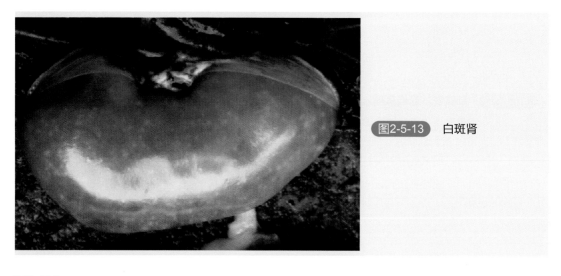

图2-5-13　白斑肾

【诊断】

根据临床表现、病理变化、发病率、死亡率和流行病学特征以及治疗情况等可对以PMWS、PDNS和CT作出初步诊断，在实际工作中一般还需对感染猪的病毒进行检测，而确诊则还需要进行病理组织学检测。

由于PCVD常与其他疫病（如副猪嗜血杆菌病和蓝耳病）混合出现，疾病的发生主要以哪一病原有关，常常不能依靠几头猪样品的检测作出结论。可以通过采集发病前期、发病高峰期和病情稳定后三个不同时期群体的猪只血液样本进行抗体检测（每一时期10～15个样品），根据群体抗体水平和阳性率的变化可以较为准确地诊断出是否是以PCV2感染为主。

另外，通过定量PCR检测PCV2在血液中的数量来判断感染及发病情况的方法也可以作为参考。一般，当每毫升血清中PCV2基因组的拷贝数小于10^6时，被认为是PCV2亚临床感染；当每毫升血清中病毒基因组的拷贝数大于10^7时，被认为是PCV2临床发病状态；当每毫升血清中病毒基因组的拷贝数在$10^6 \sim 10^7$之间时，被认为是疑似发病状态。

【预防】

本病防控应主要做好两个方面的工作，一是日常饲养管理的规范和免疫接种。

在PCVD疫苗上市前，欧洲一些国家依据Madec 20条有效地降低了PCVD的危害。Madec 20条即是针对PCVD总结出来的饲养管理规范，归纳起来有如下内容：① 实行全进全出制度；② 仔猪断奶时的平稳过渡；③ 不同来源的仔猪不要混群饲养，不同月龄猪不要同栏饲养；④ 合适的营养水平；⑤ 适当降低饲养密度；⑥ 做好猪场生物安全措施，减少或避免环境应激因素，如温度、湿度、通风、有害气体等；⑦ 其他病合适的免疫接种程序和防控，注意矿物油佐剂疫苗的接种；⑧ 做好防疫卫生工作，驱虫消毒等；⑨ 严格的卫生制度（注意断尾、剪牙和打针）和消毒、尽早将病猪移走。另外，二点分批（公司＋农户）或三点式的饲养可以有效截断PCV2向易感猪只的传播，对控制PCVD的发生有重要的作用。

免疫PCV2疫苗接种是有效降低PCVD危害的有效措施。虽然目前所有的PCV2疫苗均不能防止感染，但一般只要是合格的疫苗接种后均可产生积极的作用。建议母猪（或至少第一、二胎的母猪）和仔猪均应进行免疫接种，如果要让疫苗接种更加有效，建议仔猪群在疫苗说明书推荐的免疫程序基础上根据实际情况多接种一针，这样生产成绩一般会进一步提升。

【治疗】

如前所述，保育和生长育肥猪圆环病毒病是由圆环病毒感染引起，但圆环病毒感染后并非一定导致保育和生长育肥猪明显的圆环病毒病，主要取决于猪场的饲养管理水平和其他病原感染生猪的程度。因此针对该两个群体发生圆环病毒病的治疗（母猪群的繁殖障碍和小猪颤抖主要靠预防，无有效的治疗方法）主要依靠综合性方案：① 做好饲养管理，饲喂高质量的饲料，尽量减少对猪群的应激；② 给发病生猪用头孢噻呋钠按$3 \sim 5$毫克/千克体重肌内注射，控制细菌继发感染，并配合使用黄芪多糖注射液进行抗病毒治疗，每天2次，连用3天。同时，给予发病猪同群饲养、无明显临床表现的生猪按每吨饲料添加阿莫西林$200 \sim 300$克拌料饲喂，控制细菌继发感染（也可根据具体继发感染细菌的种类、药物敏感特性选用其他抗生素），连用5天。另外可适当添加葡萄糖、多种维生素、甘草颗粒等，并加强猪舍温度和空气质量的维护以提高猪群机体抵抗力。但如果保育猪因圆环病毒和其他病原继发感染，发展成为明显的多系统衰竭综合征时，往往因治疗效果不理想或生猪经治疗后生长速度差而失去治疗价值。

第六节　猪细小病毒病

猪细小病毒病（Porcine parvovirus disease，PPD）是由猪细小病毒（Porcine parvovirus，PPV）引起的一种猪的繁殖障碍疾病。该病主要危害初产母猪和血清学阴性的经产母猪，主要表现为怀孕母猪产木乃伊胎、死胎、畸形胎、流产和弱仔，但母猪本身无明显的症状。

该病最早于1967年在英国首次报道，随后在世界各个地区均有报道，是一种全世界普遍流行的疫病。猪场一旦感染该病，则很难根除，对非免疫第一胎种猪的生产影响极大。

【病原】

猪细小病毒为细小病毒科细小病毒属成员。病毒粒子无囊膜，直径约20纳米，基因组为单股线状DNA分子，大小约5.2kb。PPV只有一个血清型，不同的毒株间有很强的交叉免疫保护。

细小病毒是已知的对环境因素抵抗力最强的病毒之一。对热具有较强抵抗力，56℃ 48小时或70℃ 2小时病毒的感染性和血凝性均无明显改变，但80℃ 5分钟可使感染性和血凝活性均丧失。病毒在40℃极为稳定，对酸碱有较强的抵抗力，在pH3.0～9.0之间稳定，能抵抗乙醚、氯仿等脂溶剂。甲醛蒸气和紫外线需要相当长的时间才能杀死该病毒；但0.5%漂白粉、1%～1.5%氢氧化钠5分钟能杀灭病毒，2%戊二醛则需20分钟。

【流行特点】

各种不同年龄、性别的家猪和野猪均易感。患病猪和带毒猪是主要的传染源，特别是猪群中感染后没有症状的肥猪和后备种猪，一些免疫耐受的仔猪可能终生带毒和排毒。经产母猪多已感染并获得了免疫保护，因而主要是第一胎的母猪感染后受到影响。肥猪在母源抗体下降或消失后也渐渐变得易感，一般肥猪群在12周龄开始有零星的感染，16～20周龄感染率则明显提高，但肥猪感染后没有明显可见的临床症状。

传播途径有经胎盘的垂直传播和通过呼吸道及消化道感染的水平传播。在子宫内感染而导致的木乃伊胎、死胎等是典型的垂直感染症状。感染猪可通过粪便不间断地排毒，污染环境，后备猪和肥猪则主要是经口鼻感染来自环境中的病毒。感染公猪的精液中带有病毒，可通过配种传染给易感母猪，并使该病传播扩散。

【症状】

母猪临床表现出产死胎、木乃伊胎、窝产仔数减少、难产和返情等。除母猪之外，其他感染猪一般无明显的特征表现，为亚临床症状。

　　母猪繁殖障碍的不同表现与感染PPV的时期有关。在怀孕早期（30天内）感染，将导致胚胎死亡或被吸收，使母猪不孕和不规则地反复发情；在怀孕中期（30～70天）感染，将导致胎儿的死亡或形成木乃伊胎（图2-6-1）；怀孕后期（70天以上）感染PPV，胎儿由于免疫系统的发育，有一定的免疫应答能力，一些胎儿可能存活下来，且能够产生抗体，但仔猪一出生就带毒并排毒。同窝仔猪在仔宫内感染的时机不同，可能既出现木乃伊胎，也可能出现流产（图2-6-2）、死胎（图2-6-3）和黑胎（图2-6-4）等不同情况。

图2-6-1　同窝仔猪先后感染，并均木乃伊化（引自Mark White）

图2-6-2　感染母猪流产（引自Mark White）

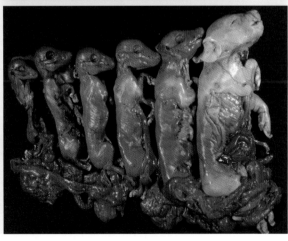

图2-6-3　同窝仔猪先后感染，子宫内还有未木乃伊化的死胎（引自Jerome C）

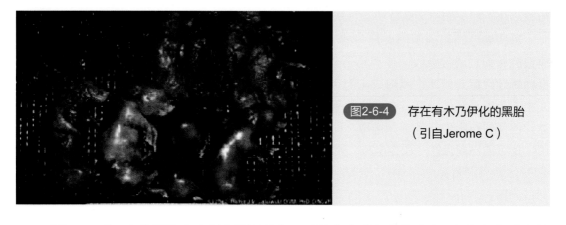

图2-6-4 存在有木乃伊化的黑胎
（引自Jerome C）

感染PPV后，有些母猪会表现出体温升高、后肢瘫痪或者关节肿大。妊娠初期感染的母猪还可能因为胚胎及羊水的吸收而导致腹围比同期怀孕母猪小。

【病理变化】

母猪一般没有明显的肉眼可见的变化。胎儿则表现为一系列的特征病变。妊娠70天以内的感染PPV的母猪，产出的胎儿为弱仔、畸形胎、死胎、木乃伊胎，胎儿也可表现骨质溶解、腐败、黑化等病变。剖检可见这些胎儿充血、水肿、出血、体腔积液、脱水（木乃伊化）及坏死，肝、脾、肾等脏器后出现肿大质脆或萎缩变黑等病变。

【诊断】

根据疫苗接种情况、流行病学、临床症状和病理变化可做出初步诊断。确诊可采集较小的死胎或胎儿的肺、肝、肠、脑、肠系膜淋巴结等组织，或者母猪的胎盘、阴道分泌物，用PCR方法检测样品中是否含有PPV核酸。

【预防】

疫苗接种是预防猪细小病毒病的有效办法，疫苗免疫接种对象主要是后备种猪。通常在配种前1～2个月进行免疫，免疫2次。只要是合格的疫苗，一般即可达到有效的保护。为了保险起见，也有对第二胎母猪在配种前进行加强免疫的。

【治疗】

本病无有效治疗方法，主要依靠预防措施。

第七节　猪乙型脑炎

猪乙型脑炎（Porcine encephalitis B）是日本脑炎病毒（Japanese encephalitis virus,

JEV）引起的一种蚊媒传染病。对猪的主要危害是引起母猪繁殖障碍（流产、产死胎和木乃伊胎等），公猪则表现为睾丸炎。在蚊子出没的季节，该病毒在猪群中感染较为普遍，但商品猪感染之后大多不表现出临床症状。日本脑炎病毒除了感染猪之外，还能感染人及多种动物，是一种人兽共患传染病原。

【病原】

猪乙型脑炎病毒属于虫媒病毒，黄病毒科、黄病毒属。1935日本学者首先从因脑炎死亡病人的脑组织中分离到该病毒，故国际上又称日本脑炎病毒（Japanese encephalitis virus，JEV）。JEV为有囊膜的球形病毒，直径40纳米，基因组为单股正链RNA分子，全长11kb。JEV抗原性稳定，只有一个血清型，但根据囊膜糖蛋白E基因的差异可分为5个基因型，我国流行的毒株多为基因1型和基因3型。基因1型和基因3型之间具有交叉免疫保护作用。JEV有血凝活性，但不同毒株间的血凝特性有较大的差异。

本病毒对外界环境的抵抗力不强，56℃30分钟灭活。若将感染病毒的脑组织加入50%甘油缓冲盐水中贮存在4℃，其病毒活力可维持数月。乙醚、去氧胆酸钠以及常用消毒剂均可灭活病毒。在酸或碱性条件下不稳定，pH10以上或7以下，活性迅速下降。

【流行特点】

本病主要通过带毒蚊子的叮咬而传播，已知库蚊、伊蚊、按蚊属中的很多蚊种以及库蠓等均能传播本病。三带喙库蚊为最主要的媒介。三带喙库蚊叮咬病毒血症动物时，JEV随血液进入蚊体内并可快速繁殖，病毒的滴度可提高5万倍以上，这样的带毒蚊子很容易通过叮咬将病毒传给其他易感动物。三带喙库蚊的地理分布和活动季节分别与该病的流行区域和流行季节相一致。JEV在猪群的传播是猪-蚊-猪的循环方式。很多鸟类对JEV很敏感，在自然野外环境中鸟-蚊-鸟是JEV的一个重要的循环方式，在每年JEV开始流行的时候鸟-蚊-猪也可能是一种将病毒传播至猪群中的重要方式。人感染JEV后病毒血症低，人群中的感染多来源于猪，即猪-蚊-人的传播。

经过一个冬天的动物一般不会带有病毒，但病毒能在少数蚊体内越冬，成为次年感染动物的来源。由于蚊虫在晚春或夏初才开始活动，少数成功越冬的带毒蚊子叮咬猪或鸟，出现了少数带有病毒血症的动物，蚊子叮咬这些动物并再次传播至新的易感动物。通过几次这样的循环，被感染的动物和带毒的蚊子慢慢多起来，JEV才能流行起来。因此，JEV的流行高峰要晚于蚊子的第一个活跃高峰期。气温、雨量与蚊虫的孳生关系密切，因而也与本病的流行有着密切关系。在热带地区，本病全年均可发生，而在亚热带和温带地区本病则有明显的季节性。我国华南地区的流行高峰在6～7月，华北地区为7～8月，而东北地区则为8～9月。

【症状】

猪乙型脑炎最引人注意的是母猪的繁殖障碍。JEV感染妊娠母猪后可侵害任何发育期的胎儿，若胚胎早期感染死亡会被母体吸收，母猪会出现返情，因为返情与感染的发生有一较长的时间间隔，因而具体的原因常常难以查找，多数是根据蚊子的活动而怀疑是否为乙脑。若胎龄较大时发生感染，则妊娠母猪突然发生流产。流产胎儿多为死胎（图2-7-1）或木乃伊胎（图2-7-2），或濒于死亡的弱仔。部分存活仔猪虽然外表正常，但衰弱、不能站立和吮乳；有的生后出现神经症状，全身痉挛，倒地不起，1～3天死亡。有的仔猪哺乳期生长良莠不齐。母猪流产前可有轻度减食和发热，但常不为人们所注意。母猪流产后临床症状很快减轻，体温、食欲恢复正常，对后续的繁殖多无影响。

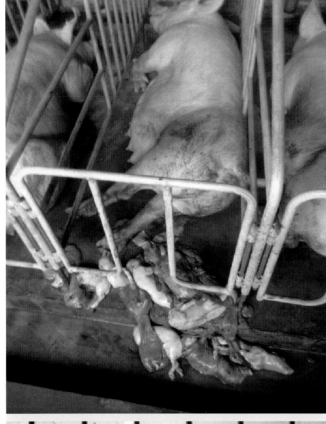

图2-7-1　感染JEV母猪流产

图2-7-2　感染JEV母猪同窝仔猪，2个木乃伊胎，5个较大的流产胎儿（引自Kawashima）

感染公猪除有轻度减食和发热外，突出的表现是发生睾丸炎，一侧睾丸明显肿大，具有诊断意义。患猪阴囊皱褶消失，温热，有痛觉。阴囊皮肤发红，两三天后肿胀消退恢复正常；或变小、变硬丧失形成精子功能，此时母猪常出现返情和屡配不孕的现象。若仅睾丸一侧发生萎缩，公猪仍可有配种能力。

【病理变化】

流产胎儿脑水肿，皮下血样浸润，肌肉似水煮样，腹水增多（图2-7-3、图2-7-4）；肝、脾、肾有坏死灶；全身淋巴结出血；肺淤血、水肿（图2-7-5）；木乃伊胎儿从拇指大小到正常大小。母猪子宫黏膜充血、出血并有黏液，胎盘水肿或出血。公猪睾丸实质充血、出血和小坏死灶；睾丸硬化者，体积缩小，与阴囊粘连，实质结缔组织化。

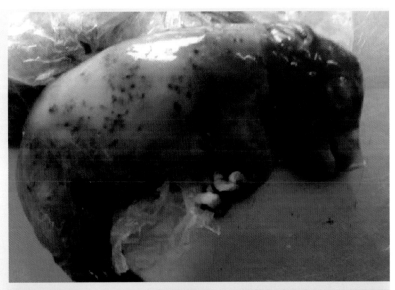

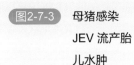
图2-7-3　母猪感染JEV流产胎儿水肿

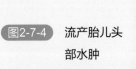
图2-7-4　流产胎儿头部水肿

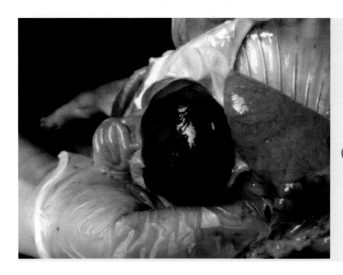

图2-7-5 流产胎儿肺水肿

【诊断】

结合流行病学（主要是蚊子活动季节）和临床表现，也怀疑该病。确诊则还需要采病材进行实验室诊断。采取新鲜流产的胎儿或弱仔的脑、肝、肺和胎盘或感染猪发热期血清进行病毒分离或用RT-PCR对样本进行JEV的核酸检测。本实验室建立的RT-PCR检测方法引物如下：Jefp——AAGAGGCTTGGCTGGATTCAACGA；JeRp——TGGCTAGCTTCAATGTTGATCATGC；PCR产物扩增长度为311bp。

【预防】

预防流行性乙型脑炎，应从控制传播媒介和易感动物免疫接种这两个方面采取措施。

（1）控制传播媒介 以灭蚊、防蚊为主，尤其是三带喙库蚊。应根据其季节消长规律，采取有效措施，定期灭蚊。

（2）免疫接种 接种乙脑疫苗。在蚊虫开始活动前1～2个月，对种猪群进行首次免疫，一般间隔1个月后再次免疫接种1次。

【治疗】

本病主要引起母猪繁殖障碍和公猪的睾丸炎症，无有效治疗药物，主要依靠做好疾病的预防工作。

第八节 流感

猪流行性感冒（Swine influenza，SI）简称猪流感，是猪的一种急性、传染性呼吸器官疾病，其特征为突发、咳嗽、呼吸困难、发热及迅速康复。猪流感由甲型流感病毒（A型流感病毒）引发，常暴发于猪群中，本病传染性很高但常不会引发死亡，呈亚临床感染。

【病原】

流感病毒属于正黏病毒科，其中有3个流感病毒属，即A型、B型和C型流感病毒属。猪流感的病原为A型流感病毒，主要有两个血清型，即H1N1和H3N2亚型。A型流感病毒可以感染多种动物，包括许多禽类和哺乳动物。B型和C型病毒似乎只能从人体内分离到，虽然也从猪体内分离到了C型流感病毒，但感染猪的主要还是A型流感病毒。

流感病毒多呈球形，其直径在80～120纳米之间，新分离的毒株则多呈丝状，丝状流感病毒的长度可达4000纳米。病毒粒子的外层是含有脂质的囊膜，囊膜上穿插着两种非常重要的糖蛋白：血凝素（HA）和神经氨酸酶（NA）。流感病毒血清分型即是根据HA和NA的不同而进行的。

流感病毒的抵抗力不强，高热、低pH、非等渗环境和干燥均可使病毒灭活。因带有脂质的囊膜，一般常见的消毒剂均可有效杀灭病毒。

【流行特点】

各个年龄、性别和品种的血清学阴性猪对本病毒都有易感性。流感病毒在猪群中的感染特别普遍，成年种猪多因以往的感染而获得的主动免疫保护，而仔猪则通过母乳获得免疫保护，并且母源抗体水平很高，很少有仔猪感染发病的情况。通常多是50千克及50千克以上的肥猪感染发病。

本病的流行有明显的季节性，天气多变的秋末、早春和寒冬是易发季节。本病传播迅速，常常是一群肥猪同时发病，发病率高（接近100%），但病死率很低（常不到1%）。如无并发症，发病猪恢复较快，多数病猪可于1周左右恢复。如有继发性感染，则可使病情加重。常见的继发感染有PRRSV、胸膜肺炎放射杆菌、多杀性巴氏杆菌、副猪嗜血杆菌、猪链球菌感染，严重的可出现纤维素性肺炎而死亡。个别病例可转为慢性，持续咳嗽、消化不良、瘦弱、长期不愈，可拖延1个月以上。猪流感主要通过鼻咽接触传播，空气传播也是其重要的传播途径。病猪和带毒猪是猪流感的主要传染源，但也有人-猪相互传播或从禽类向猪传播的报道。

【症状】

猪流感多发生于寒冷季节，特别是气温变化大的时候，主要是中大猪和肥猪发病，血清学阴性的种猪可感染发病。疾病传播迅速，常常是突然暴发，全群几乎同时感染。

病猪体温升高至40.3～42℃；食欲减退，甚至废绝，粪便干硬；精神极度委顿，卧地不起（图2-8-1）；呼吸急促、张口呼吸和腹式呼吸；严重咳嗽，流鼻涕（图2-8-2、图2-8-3）；眼结膜潮红，有时鼻涕中呈现血色；肌肉和关节疼痛，捕捉时则发出惨叫声。

图2-8-1　猪群精神沉郁　皮肤
发红

图2-8-2　病猪鼻孔流产黏稠
鼻涕

图2-8-3　病猪鼻孔流出比较
清亮的鼻涕

【病理变化】

单纯猪流感的眼观病变主要是病毒性肺炎。病变大都局限于肺的尖叶及心叶，病变的肺组织与正常肺组织之间分界明显，病变区域呈紫色并实变，小叶间水肿明显（图2-8-4），气管、支气管和肺组织内有大量的泡沫和黏液，有时混有血液（图2-8-5）。严重病例则大半个肺脏受害，可发生纤维素性胸膜炎，鼻、咽、喉、气管和支气管黏膜可能有出血及充满带血的纤维素性渗出物。支气管淋巴结和纵膈淋巴结肿大，充血；在有并发感染时，病理变化变得复杂，病理变化的严重程度与流行毒株有很大关系。

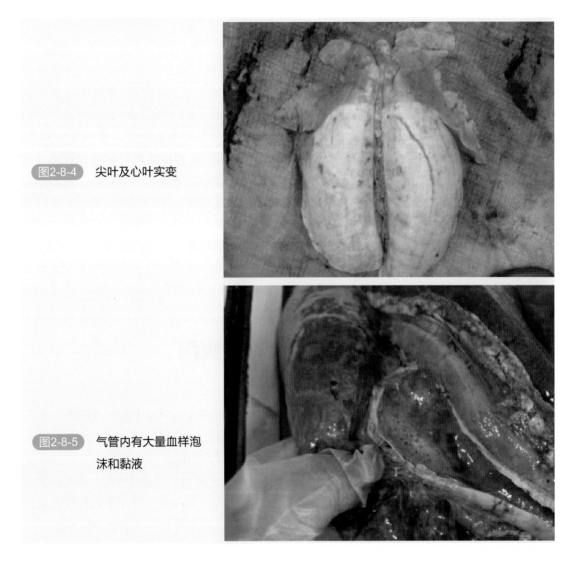

图2-8-4　尖叶及心叶实变

图2-8-5　气管内有大量血样泡沫和黏液

【诊断】

根据流行病学、发病情况、临床症状和病理变化，可做出初步诊断。确诊需要实验室诊断，可从发病猪采鼻拭子或病猪肺组织分离病毒或者通过RT-PCR方法对样本进行流感病毒核酸检测。

【预防】

主要措施为严格的生物安全措施和合适的疫苗免疫。疫苗免疫是控制猪流感的有效措施，不同亚型之间没有交叉保护，因此疫苗的选择应注意流行毒株的HA亚型或使用二价疫苗。在养猪发达国家猪流感的疫苗使用较多，但在我国目前使用还不普遍。

因为该病是人畜共患传染病，当发生猪流感时，饲养管理员和直接接触生猪的人应注意自身的防护。另外，怀疑感染了流感病毒的人也不应与猪接触。

【治疗】

猪流感没有针对性特效药物，只能采取对症治疗和辅以清热解毒中草药缓解临床症状，并结合抗生素防止细菌的继发感染：① 体温41℃以上者按2毫克/千克体重肌内注射氟尼辛葡甲胺，体温39～41℃者肌内注射柴胡注射液（0.1～0.2毫升/千克体重，具体参照商品药物说明使用），一般使用一次即可，如有反复可每天一次，连用2～3次；② 感染群体口服氟苯尼考（也可根据不同猪场生猪细菌继发感染情况以及药物敏感性选用其他抗菌药物，但多数药物具有抗菌谱广的特性，因此，一般使用一种即可，除非继发感染多种细菌，且药敏分析表明一种抗菌药物达不到用药目的，才可考虑使用两种或两种以上的抗菌药物，否则不可随意使用多种抗菌药，尤其是不可将存在配伍禁忌的药物同时使用），按有效成分计，每吨饲料添加20～40克，或每吨水添加20克，连用3～5天；③ 拌料饲喂板蓝根颗粒或含板蓝根、大青叶成分的中成药（根据具体药品说明使用）。

第九节　猪流行性腹泻

猪流行性腹泻是由猪流行性腹泻病毒（Porcine Epidemic Diarrhea Virus，PEDV）引起的一种接触性肠道传染病，以呕吐、腹泻为基本特征，各日龄猪均易感，新生仔猪发病最为严重，死亡率高。临床变化和症状与猪传染性胃肠炎极为相似。

该病1971年首发于英国，20世纪80年代初我国陆续发生本病。2010年开始，本病在我国大面积暴发，且持续至今，对我国养猪业造成了巨大的打击，每年的寒冷季节均造成大量仔猪死亡。在国外亦如此，如2013年美国暴发PEDV疫情，当年即损失了700万头仔猪。

【病原】

猪流行性腹泻病毒（PEDV），属于冠状病毒科甲型冠状病毒属，其参考毒株为CV777。病毒粒子为球形，平均大小约130纳米，病毒基因组为不分节段的正链单股RNA，大小约为28kb。病毒粒子有囊膜，PEDV的主要保护性抗原S蛋白穿插于囊膜上。PEDV只有一个血清型，但根据S基因序列的不同可以分为G1基因型和G2基因型，G2基因型毒力较G1基因型强。G1基因型毒株包括PEDV疫苗株CV777和2010年亚洲流行分离毒株；G2基因型主要是2010年以后世界范围内流行的变异毒株以及2001～2010年部分流行毒株。

PEDV为有囊膜病毒。因此，对有机溶剂（乙醚、氯仿、甲醛）的抵抗力较弱；pH值＜4的酸性消毒液与pH值＞9的碱性消毒液处理也可使病毒灭活；PEDV对温度的抵抗力相对较强，4～50℃环境中保存6小时仍具有感染性，但60℃处理30分钟即可失去感染能力。

【流行特点】

本病只发生于猪，各种年龄的猪都能感染发病。哺乳猪、架子猪或肥育猪的发病率很高，在以前没有感染过的阴性场，感染率几乎可达100%。我国多发生在每年11月至翌年3～4月，虽然总体上发病的季节性明显，但饲养管理不好的猪场夏季发病也不少见。传染源为病猪和带毒猪，病毒存在于肠绒毛上皮细胞和肠系膜淋巴结，随粪便排出后，污染环境、饲料、饮水、交通工具及用具等而传染其他猪，感染的哺乳母猪乳汁也可能含有病毒。

【症状】

本病潜伏期一般1～4天，最短的仅12小时，经口人工感染新生仔猪为12～30小时、肥育猪为1～2天。

PED最初常以暴发性腹泻的形式出现。阴性猪群无论是产房仔猪，还是肥猪和母猪均可能在12～36小时内全群发生严重的腹泻。症状的轻重随年龄的大小而有差异，年龄越小，症状越重。哺乳仔猪粪便呈黄色或者灰黄色，有时呈血色或带有脱落的肠黏膜，往往腹泻前先发生呕吐（图2-9-1）。1周龄以内的新生仔猪腹泻后2～4天，呈现严重脱水（图2-9-2），死亡率几乎可达100%。一周以上的哺乳仔猪死亡率明显下降，但有的也多在30%～40%，且存活的猪生长发育受阻；断奶仔猪可表现为水样腹泻或稀粥样腹泻（图2-9-3）、呕吐、食欲减退、体重减轻，死亡率不高，但生长速度受影响。肥猪、母猪粪便感染后体温正常或稍高，精神沉郁，食欲减退或废绝，粪便的形态有如牛粪状、稀粥样和水样（图2-9-4、图2-9-5），有的仅表现呕吐，3～4天可自愈，很少有死亡发生。

图2-9-1 小猪腹泻、呕吐

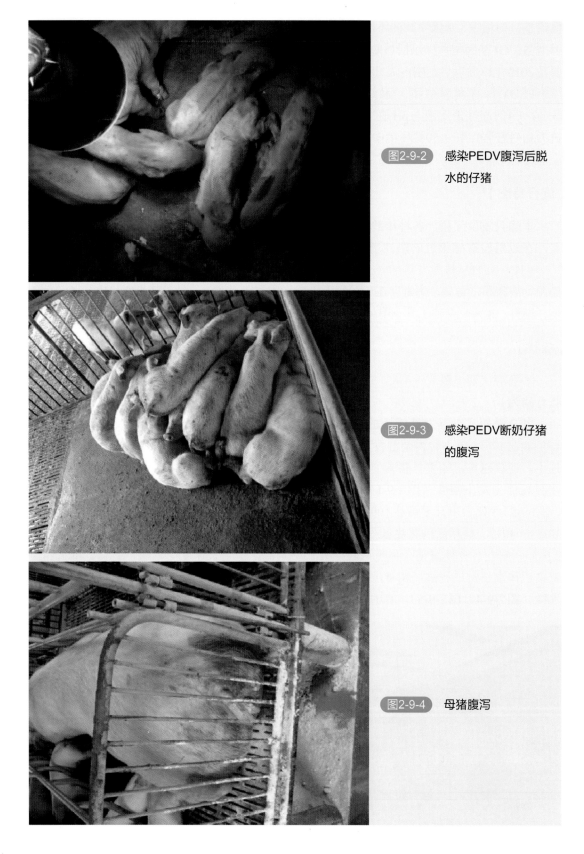

图2-9-2 感染PEDV腹泻后脱水的仔猪

图2-9-3 感染PEDV断奶仔猪的腹泻

图2-9-4 母猪腹泻

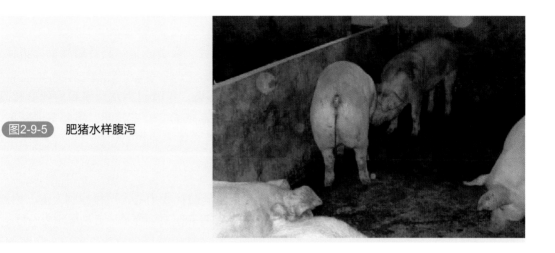

图2-9-5　肥猪水样腹泻

【病理变化】

哺乳仔猪眼观病变无特征性的表现，可见小肠膨胀，内充满气体，肠壁变薄（图2-9-6），肠系膜充血，肠系膜淋巴结水肿，胃内多数充满白色凝乳块（图2-9-7），其他实质脏器无明显病理变化。

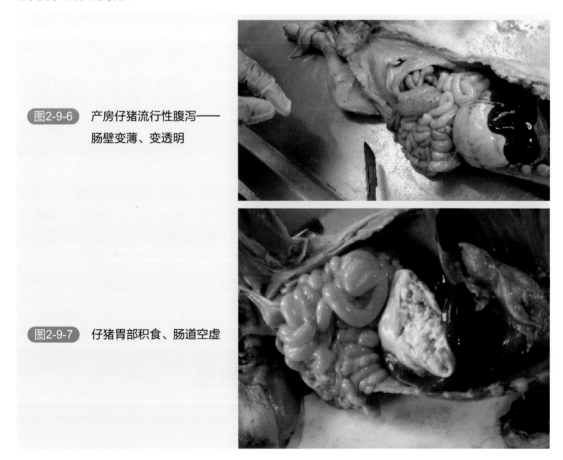

图2-9-6　产房仔猪流行性腹泻——
肠壁变薄、变透明

图2-9-7　仔猪胃部积食、肠道空虚

【诊断】

本病在流行病学和临床症状方面与猪传染性胃肠炎无显著差别，只是病死率比猪传染性胃肠炎稍低，在猪群中传播的速度也较缓慢些。

猪流行性腹泻发生于寒冷季节，各种年龄都可感染，年龄越小发病率和病死率越高，主要表现为呕吐、水样腹泻和严重脱水，进一步确诊需依靠实验室诊断。实验室诊断可以用RT-PCR或胶体金免疫试剂条检测腹泻粪便和肠道内容物中的PEDV。

【预防】

在从未发生过该病的地区或猪场应以生物安全措施防控为中心，严格控制人流、物流，注意引种安全。猪转群采用全进全出，严格执行卫生消毒和隔离制度等一系列生物安全措施。

在该病的流行区域对猪群进行免疫接种则是预防该病最重要的措施。可用灭活苗或弱毒疫苗或强毒疫苗免疫（俗称返饲）对种猪进行免疫接种。由于本病对新生仔猪危害最大，而依靠新生仔猪自身的主动免疫来不及产生保护，因此，哺乳仔猪应依靠母乳中的母源抗体获得被动保护。由于PEDV诱导的免疫保护期比较短，一般妊娠母猪至少应在产前15天进行一次疫苗免疫，最好能在此之前1个月左右进行一次基础免疫。注意规范的饲养管理是疫苗接种发挥保护作用的前提之一，因而饲养管理的规范尤其显得重要。

【治疗】

肥猪和种猪发生PED，多是一过性腹泻，影响不大，一般在腹泻的后期控制一下采食量和饮水量多可较快恢复。但对于产房仔猪，特别是出生一周以内的仔猪还没有有效的疗法，可采取支持疗法，确保不脱水为原则，补充葡萄糖、电解质和氨基酸，同时提供清洁、干燥、通风良好的环境和保证仔猪全身干燥、加强保暖等有利于病情好转。含有高水平的特异性IgA抗体的初乳或乳汁有一定的治疗效果。如果是感染期间发生细菌的继发感染，则应使用敏感的抗生素治疗。如果能保证人力，支持疗法有一定的治疗效果，但规模猪场仔猪一旦发病，发病的猪多，一般人力不够，治疗很难取得效果。

该病为病毒性疾病，无针对性的特效药物，主要依靠辅助治疗来促进生猪康复。发生该病的猪场建议处理方案为：① 10日龄以内的小猪，口服乳酸杆菌、枯草芽孢杆菌和屎肠球菌等益生菌制剂，每天一次，连用3～5天；同时口服补液盐、100mg/L硫酸黏杆菌素饮水，每天一次，连用3天；② 10日龄以上的小猪，口服上述益生菌制剂，每天一次，连用3～5天即可；③ 每天用0.5%的聚维酮碘溶液擦拭消毒母猪乳房1次；④ 用泡有消毒水的拖把擦净产床，每天1次，并保持产床干燥。

第十节　非洲猪瘟

非洲猪瘟（African Swine fever，ASF）是由非洲猪瘟病毒（African Swine fever virus，

ASFV）感染引起家猪和各种野猪的一种传染性疫病，有急性、亚急性和持续性感染等发病类型。急性ASF以高热、皮肤发绀、全身内脏器官广泛性出血、脾脏高度肿大和发病猪只的高死亡率为特征。世界动物卫生组织（OIE）将其列为法定报告动物疫病，该病也是我国重点防范的一类动物疫病。

【病原】

非洲猪瘟病毒（ASFV）属于非洲猪瘟病毒科非洲猪瘟病毒属，为双链DNA病毒，基因组大小在170～193kb之间。病毒粒子为球形，直径为175～215纳米。病毒核衣壳为对称二十面体，核衣壳外面被有囊膜。尚没有有关ASFV的血清分型标准，但根据基因序列的不同，可以分为24个不同的基因型。我国目前流行的是基因II型的病毒。

ASFV对外界的抵抗力强，可以在粪便和各种组织中长期保持感染性。低温环境下病毒可长时间存活，但对热敏感，OIE建议56℃、70分钟，60℃、20分钟灭活病毒（56℃、处理60分钟，偶尔仍可见到具有感染性的ASFV）。常规消毒剂氢氧化钠、次氯酸盐、福尔马林等均可使病毒灭活，OIE建议使用8/1000浓度的氢氧化钠30分钟、2.3%的次氯酸盐30分钟、3/1000浓度的福尔马林30分钟、3%的碘混合物30分钟灭活病毒。酒精及碘化物可用于人员手部消毒，漂白粉、聚维酮碘可用于饮水消毒。

【流行特点】

猪与野猪对本病毒均具有易感性，各品种及不同年龄的猪群均可感染。家猪在实验室被接种感染后第3天可在血液中检测到病毒，通过直接接触、间接接触感染的生猪，于第10天、13天可于血液中检测到病毒。在生猪即将出现临床症状时，生猪血液中病毒滴度高于鼻腔和直肠分泌物样本。感染猪排出的尿液中同样可检测到病毒。康复猪在临床症状消失后1个月仍能排毒。

非洲猪瘟病毒主要通过直接接触或间接接触传播，直接接触传播指易感猪与带毒猪之间的直接接触而引起的传播。间接接触传播主要指通过带毒的物品进行传播，如含有病毒的精液、感染性肉品、粪便、泔水以及被污染的车辆等均可能造成ASFV的传播。蜱是ASFV感染的主要宿主和传播媒介。吸血昆虫（蚊、虻等）叮咬病毒血症的猪后，再叮咬未感染猪，可在猪群中机械性传播ASFV，此外，血虱也可携带病毒。ASFV的传播途径虽然多，但如果没有人为因素，ASFV在不同猪群间的传播速度很慢，甚至同一猪场内不同栏舍也可以很慢。据俄罗斯对ASF流行的大量调查，绝大多数不同猪场之间的传播是因被污染的运猪车所引起。

【症状】

（1）特急性ASF：高烧41～42℃，1～3天死亡，临床症状和病变均不明显。

（2）急性ASF：高烧40～42℃、食欲不振、嗜睡而且虚弱，蜷缩在一起，呼吸频率增加。在耳朵、腹部、胸部、腿部、会阴、尾巴等处发绀（图2-10-1～图2-10-3）；眼和鼻布满分泌物、鼻孔出流血（图2-10-4）；便秘或腹泻，粪便包含黏液或呈黑色血便（图2-10-5、图2-10-6）；妊娠母猪在孕期各个阶段可出现流产。病程6～15天，死亡率90%～100%。

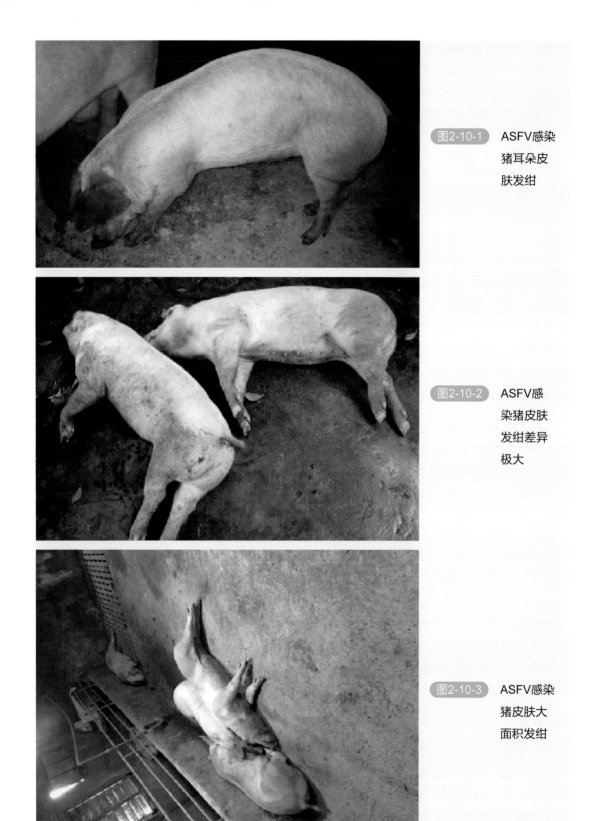

图2-10-1 ASFV感染猪耳朵皮肤发绀

图2-10-2 ASFV感染猪皮肤发绀差异极大

图2-10-3 ASFV感染猪皮肤大面积发绀

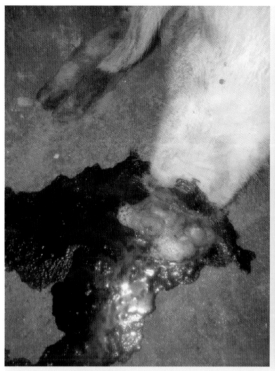

图2-10-4　鼻孔流血

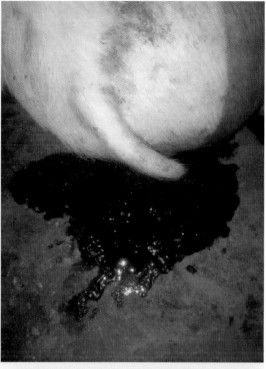

图2-10-5　腹泻粪便包含黏液或呈黑色血便（一）

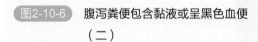

图2-10-6　腹泻粪便包含黏液或呈黑色血便（二）

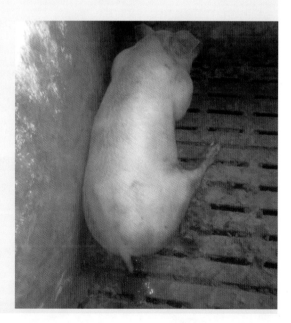

（3）亚急性型ASF：是由中等毒力的毒株引起，可能发生在流行地区。感染猪通常在7～20天内死亡，致死率从30%～70%不等。临床症状与急性型观察到的相似。

（4）慢性ASF：通常死亡率低于30%。临床症状为感染后14～21天开始轻度发热，伴随轻度呼吸困难和中度至重度关节肿胀。

【病理变化】

（1）急性型ASF：肾表面有出血点（图2-10-7），心内膜、心外膜呈点状和斑状出血，胃、肠道浆膜弥漫性或点状出血（图2-10-8）；淋巴结肿大、水肿、严重出血，形态类似于血块（图2-10-9、图2-10-10）；脾脏肿大脆化，圆形边缘变深红色甚至黑色（图2-10-11）。亚急性型ASF与急性型相似。

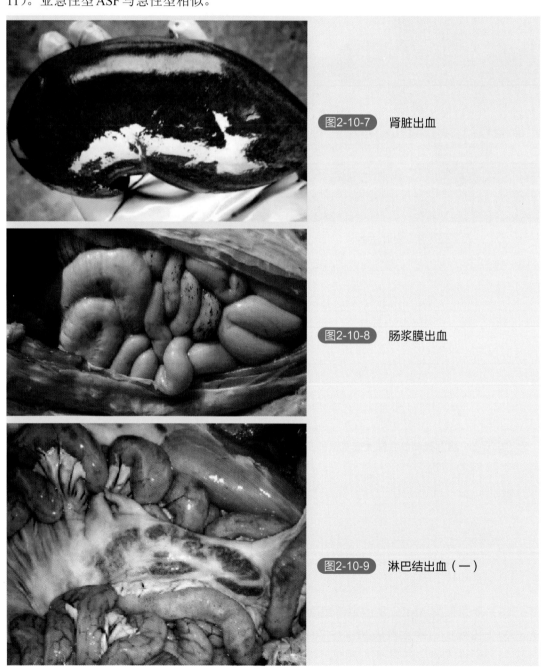

图2-10-7　肾脏出血

图2-10-8　肠浆膜出血

图2-10-9　淋巴结出血（一）

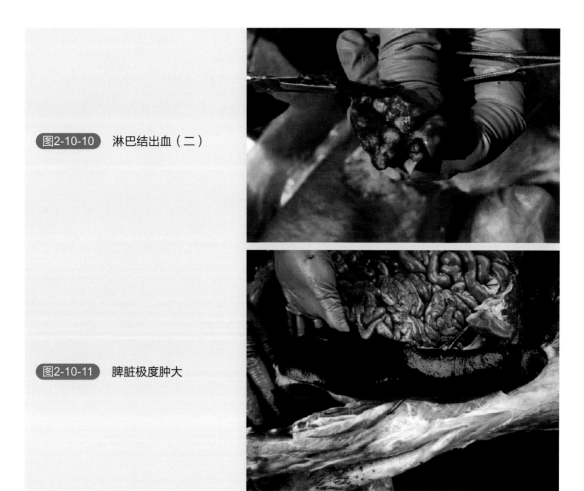

图2-10-10　淋巴结出血（二）

图2-10-11　脾脏极度肿大

（2）慢性非洲猪瘟：剖检显示肺部有伴干酪样坏死（有时伴有局部钙化）的肺炎、纤维性心包炎，以及淋巴结（主要是纵隔淋巴结）肿大及局部出血。

【诊断】

如果免疫过猪瘟疫苗的猪出现以上症状和病变可怀疑为非洲猪瘟，需立即上报动物疫病防控机构采样监测。目前主要的监测方法是通过临床症状和病理变化进行初步判断，如需确诊需送检发病猪血液、脾脏、淋巴结组织到相关单位进行荧光定量PCR检测。

【预防】

目前没有有效的ASFV疫苗和治疗方法。目前采用生物安全措施，将ASFV挡在猪场的围墙外是防控非洲猪瘟唯一有效的方法。

（1）控制人员、车辆和外来动物进入养殖场。

（2）进出养殖场所有人员、车辆、饲料、物品严格消毒。

（3）消灭老鼠、蚊、钝缘软蜱等媒介，防止鸟进入猪场范围。

（4）禁用泔水或餐余垃圾饲喂生猪。

（5）禁用生猪来源的饲料成分。

（6）积极配合动物疫病预防控制机构开展疫病监测排查，特别是发生猪瘟疫苗免疫失败、不明原因死亡等现象，应及时上报当地兽医部门。

【治疗】

本病目前无可靠治疗方法。

第三章 猪的细菌性传染病

第一节 猪丹毒

猪丹毒（Erysipelas）是由猪丹毒杆菌（*Erysipelothrix rhusiopathiae*）引起的一种细菌性传染病，有急性败血型、亚急性疹块型和慢性关节炎与心内膜炎等三种临床表现。

【病原】

猪丹毒杆菌是一种细小、无芽孢、不耐酸、不能运动的革兰氏阳性菌，在营养丰富、含5%～10%小牛血清的肉汤培养基或营养琼脂，该菌更易于生长。多数菌株在鲜血琼脂培养基上，37℃培养24小时可出现溶血现象。

猪丹毒杆菌存在两个主要种：猪红斑丹毒丝菌（*E.rhusiopathiae*）和扁桃体丹毒丝菌（*Erysipelothrix tonsillarum*）。根据猪丹毒杆菌表面热稳定性抗原的差异，猪丹毒杆菌可细分为28个血清型（不同血清型之间的菌株具有明显的交叉免疫保护作用），但猪丹毒临床病例主要由1a型引起，少量病例由2型菌株引起，其他种或血清型丹毒丝菌对猪致病性较低或没有致病性。

【流行特点】

猪丹毒杆菌主要的感染宿主为猪，但猪丹毒杆菌的储存宿主极为广泛，目前已经在超过30种鸟类和50种哺乳动物中发现了该细菌。据估计，有30%～50%的健康猪扁桃体和淋巴结组织中潜伏有猪丹毒杆菌，并可通过口鼻分泌物和粪便直接传播。急性感染猪的粪便、唾液、尿液及鼻腔分泌物中含有大量的猪丹毒杆菌，能很长时间对外散播。即使在感染几周后，也能从感染康复猪的口腔分泌物中分离到猪丹毒杆菌。

该病原在土壤中能存活较长时间，一般情况下，可在土壤中存活30天以上。但并没有证据显示该菌能在土壤中形成稳定的菌群。猪丹毒杆菌不耐热，55℃条件下30分钟便可被灭活，但对盐及多种食品防腐剂具有一定的抵抗力。多数市售的消毒剂对该菌有效。

由于猪丹毒杆菌的储存宿主种类多且细菌本身又能在土壤中长期存活，因此，猪丹毒的控制工作难度大，这是养猪发达国家一直接种猪丹毒疫苗的主要原因。

【症状】

根据临床表现，猪丹毒杆菌感染猪主要表现为三种形式：急性型、亚急性型、慢性型。

（1）急性型猪丹毒临床表现为：突然发病，高烧不退（41℃以上，有的甚至可以达到43℃），精神沉郁，卧地不起；不同程度的食欲不振，大部分食欲废绝；皮肤发红，指压褪色（图3-1-1、图3-1-2），但不一定出现菱形或正方形坚实疹块。病猪呼吸急促，病初粪便干硬，有黏液，后期部分猪发生腹泻，感染母猪发生流产的比例高（图3-1-3）；一般发病后3～4天急性死亡。

图3-1-1 母猪急性死亡、全身发红

图3-1-2 育肥早期，急性死亡、全身发红、有紫斑

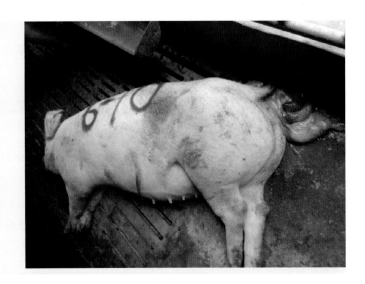

图3-1-3 怀孕母猪流产

（2）亚急性型通常表现为：体温升高，一般不超过42℃，但持续时间长；食欲有轻微减退，但通常恢复快；皮肤出现较少数量不规则、隆起于皮肤、坚实的菱形或方形疹块（图3-1-4、图3-1-5）；母猪可能表现出不孕、流产、产木乃伊胎或弱仔数量增加的症状。

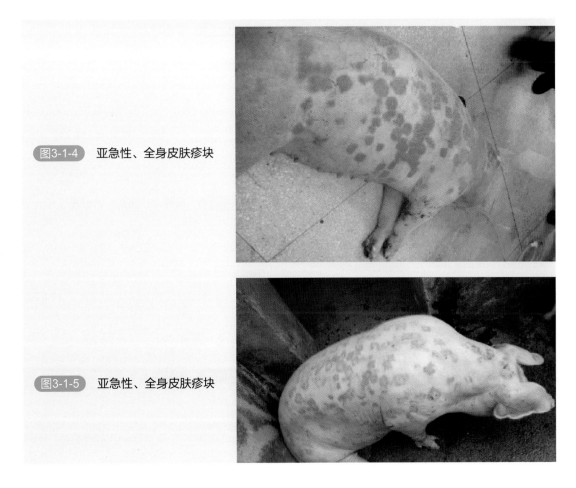

图3-1-4 亚急性、全身皮肤疹块

图3-1-5 亚急性、全身皮肤疹块

（3）慢性型主要表现在两个方面：一是慢性关节炎，感染猪后肢踝关节、膝关节及腕关节增大，从而导致轻度至严重跛行；二是疣性心内膜炎，从而导致心功能不全，继而引发肺水肿、呼吸困难、嗜睡、发绀甚至死亡。

【病理变化】

急性型猪丹毒特征性的眼观病理变化较多，其中皮肤的病理变化主要表现为：耳部、下颌部、臀部、胸腹部弥散性红斑，体表多部位出现轻微隆起的粉红色至紫色的菱形块、四方块或不规则疹块。除皮肤损伤外，还可观察到其他典型的败血病症状：肾脏肿大，颜色深（俗称大红肾），部分肾表面有出血的情况（图3-1-6、图3-1-7），淋巴结充血肿胀，脾脏肿大（图3-1-8），肺出血、水肿、气管和支气管内充满泡沫（图3-1-9、图3-1-10）等。另外，还会出现心耳出血、心冠脂肪出血（图3-1-11）、心肌出血（图3-1-12）、脾脏出血、肠系膜淋巴结出血肿大等典型特征。

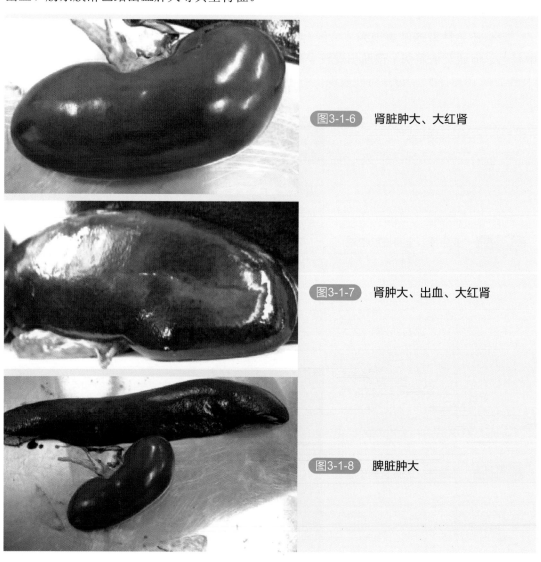

图3-1-6　肾脏肿大、大红肾

图3-1-7　肾肿大、出血、大红肾

图3-1-8　脾脏肿大

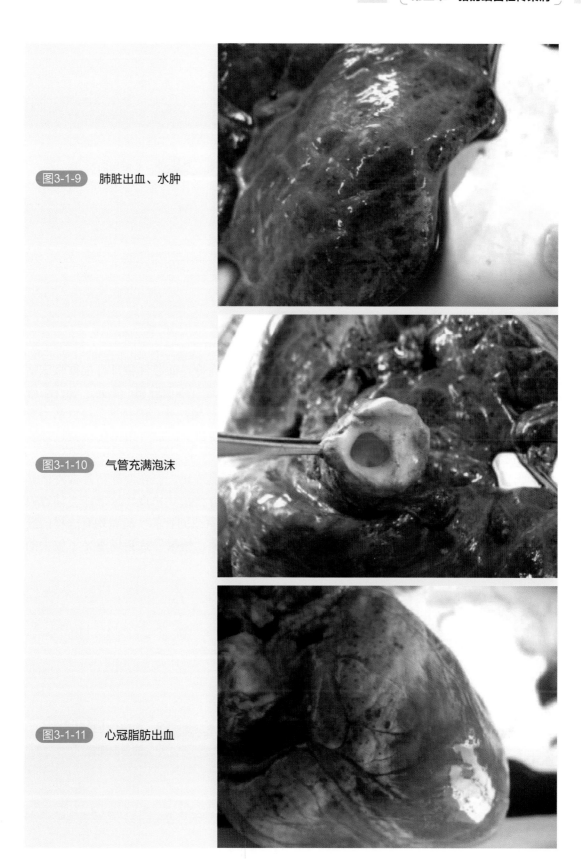

图3-1-9　肺脏出血、水肿

图3-1-10　气管充满泡沫

图3-1-11　心冠脂肪出血

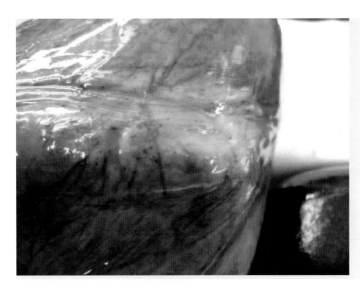

图3-1-12　心脏出血

【诊断】

典型的亚急性疹块型猪丹毒一般可凭临床诊断进行确诊，而急性猪丹毒根据临床症状、病理变化则一般只能进行初步诊断，进一步确诊需要进行细菌分离、鉴定。急性型感染的猪只在感染后48～60小时内能从血液中分到猪丹毒杆菌，死亡的猪只也可以从全身各个脏器中分离到猪丹毒杆菌（图3-1-13、图3-1-14）。细菌分离后可用生化试验进行鉴定，但快速检测方法是PCR检测。

要注意的是不少人认为猪丹毒的表现应有菱形或方形疹块，但在急性猪丹毒疫情暴发的早期，多数发病猪仅表现为败血症，需要一周后才会有疹块出现。这可能会导致误判从而错过最佳的治疗时机，在2009～2012年笔者实验室或同行的实验室均有这样的经历：分离到了细菌，但猪场技术员却不认为是猪丹毒杆菌，结果导致猪场遭受了较大的损失。

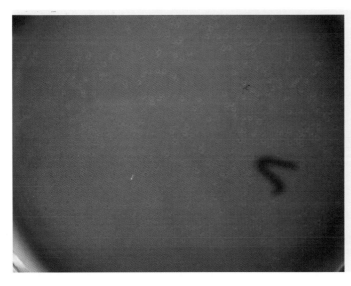

图3-1-13　血琼脂上丹毒菌落的溶血现象

图3-1-14 猪丹毒杆菌

【预防】

从未发生过猪丹毒的猪场应加强生物安全措施，防止外来病原传入。如果曾经发生过，则需要进行免疫接种才能可靠地预防猪丹毒的发生，不要误听他人的说法：猪丹毒对抗生素敏感可用药物进行预防。抗生素的确可以很快控制住疫情，但抗生素停用后，猪群常常在1～2周后又开始出现新的病例，并且反复发生。

目前市售的有弱毒疫苗和灭活疫苗。弱毒疫苗的免疫效果比灭活疫苗好，但要注意处于亚健康状况的猪群在接种弱毒疫苗后可导致发病：猪群皮肤发红、体温升高、采食量下降，还可出现少数母猪死亡的情况。若发生这种情况，可以用阿莫西林进行紧急治疗。

【治疗】

猪丹毒杆菌对青霉素高度敏感，因此，青霉素仍然是治疗的首选药物。另外，大多数菌株对氨苄青霉素、头孢曲松、头孢噻呋、恩诺沙星、环丙沙星等也比较敏感。通常急性病例发病早期以及慢性病例用敏感抗生素进行治疗可取得明显的效果，但急性病例中、晚期病猪由于气管和支气管被炎性分泌物堵塞，容易出现窒息死亡，单用抗生素治疗效果往往不理想，可以同时使用祛痰的药物（盐酸溴己新）以及抑制急性免疫反应的药物（地塞米松），可以大大提高治疗效果。疫情发生期间，一方面可以选用敏感抗生素对发病猪进行注射治疗，同时对未发病的生猪全群饲喂敏感抗生素进行预防。对于发病猪场建议措施：① 加强巡栏，及时隔离发病生猪；② 发病生猪用青霉素钠按3万～4万单位/千克体重肌内注射，每天2次，连用3天；体温41℃以上者，按2毫克/千克体重肌内注射氟尼辛葡甲胺，一般使用一次即可，如反复上升至41℃，则每天一次，连用2～3天；呼吸道急性炎症渗出导致呼吸困难者肌内注射盐酸溴己新0.2～0.5毫克，一般一次即可；③ 发病猪同群的生猪：口服氨苄西林，每升水添加（以氨苄西林有效成分计）50毫克，或者口服经包被恩诺沙星，每升水添加50毫克（以恩诺沙星有效成分计），连用5～7天；④ 发病猪及同群生猪按5%～8%拌料或饮水口服葡萄糖粉，连用7天；⑤ 用药的同时全群紧急接种猪丹毒灭活疫苗，1头份/头，20天后再接种一次。

第二节　猪传染性胸膜肺炎

猪传染性胸膜肺炎（procine contagious pleuropneumoniae，PCP）是由猪胸膜肺炎放线杆菌（*Actinobacillus pleuropneumoniae*，APP）引起的一种猪的呼吸道传染病，以急性出血性纤维素性肺炎和慢性纤素性坏死性胸膜炎为主要特征。PCP死亡病猪有一显著的特征是鼻孔流血或流出带血的泡沫。猪传染性胸膜肺炎自1957年由英国的Pattsison首次报道以来，在世界各地均有流行的情况，是危害养猪业的一种重要疫病。

【病原】

胸膜肺炎放线杆菌属于革兰氏阴性菌，具有典型球杆菌形态。该菌有荚膜和鞭毛，不形成芽孢，无运动性，在新鲜病料中呈两级着色。该菌为兼性厌氧型，在10% CO_2浓度下，可生长成黏状菌落，在巧克力色营养琼脂平板上37℃培养18～24小时，可生长成圆形、针尖大小、扁平、灰白色的菌落。根据其生长过程中是否需要烟酰胺嘌呤二核苷酸（NAD）分为2个生物型：生长需要NAD的生物 I 型和不需要NAD的生物 II 型。根据APP荚膜多糖和细菌脂多糖的结构差异最开始将APP分为15个血清型，血清型 1～12 和 15 型属于生物 I 型，血清型 13、14 型属于生物 II 型。自2015年以来，血清型为16、17、18型的APP菌株相继被报道，且均无法用NAD来区分。

【流行特点】

家猪和野猪都是APP的易感动物，病猪和隐性感染猪是该病的主要传染源，本病在健康猪或者康复猪（耐过种猪）体内可以长期带菌而不发病，APP的隐性携带猪存在长期排毒的可能，给预防和控制本病造成了很大的困难。PCP主要经直接接触传播或飞沫传播，因此，PCP在猪群内的发生多是一栏挨着一栏，但也有"跳栏"发生的现象。不同区域猪场之间的传播主要是引种不慎所致。

PCP的发生与猪只本身的抵抗力有关，当健康水平高时，带菌猪只可能并不发病。而当猪饲养管理不良或猪群中有免疫抑制性病原（PRRSV、PCV2和PRV）同时感染时，则危害明显加大。另外，该病的发生具有一定的季节性，气候多变的季节更为多见。

目前我国主要流行毒株的血清型为1、3和7型。

【症状】

根据病程可分为最急性型、急性型和慢性型，多是3月龄以上的育肥猪感染发病。在APP阳性场，成年种猪因曾感染过而有免疫保护，发病的不多，仔猪因有母源抗体的原因，发病的也很少。

（1）最急性型：发病急、死亡快。一般体温会升高到41.5℃。死后腹部、耳部、四肢发绀，口、鼻流血，多为败血症死亡（图3-2-1）。有的猪因窒息、缺氧在极度不安中而迅

图3-2-1　急性死亡，鼻孔流出带血的泡沫

图3-2-2　病猪呼吸困难，张口呼吸

速死亡（视频3-2-1）。

（2）急性型：发病较最急性稍缓，发热、体温40～41.5℃，食欲废绝，呼吸极度困难（视频3-2-2），常站立或犬坐张口呼吸（图3-2-2、图3-2-3），耳尖、四肢皮肤发绀，1～2天死亡；若耐过4天，症状减轻，常能自行康复或转为慢性。

视频3-2-1

（扫码观看：肥猪传染性胸膜肺炎放线杆菌感染，张口呼吸、极度不安、因窒息而迅速死亡）

视频3-2-2

（扫码观看：育肥猪传染性胸膜肺炎放线杆菌感染，濒死期，呼吸极度困难）

图3-2-3 病猪呼吸困难、口鼻出现带血的泡沫

（3）慢性型：可由急性PCP转变而来，症状减缓，表现为体温升高、精神沉郁、间歇性咳嗽、生长缓慢，若混合感染巴氏杆菌或支原体时，则病死率明显增加；或由致病力不是很强的毒株引起（如15型），感染猪只多表现为间歇性咳嗽、日增重下降。

【病理变化】

PCP主要表现为呼吸道损伤。急性PCP病例解剖可见肺出血、血肿，肺间质充斥血色胶冻样液体（图3-2-4、图3-2-5），病程较长的生猪肺脏表面及胸腔内有纤维素性渗出物（图3-2-6～图3-2-8），肺脏有时和胸腔发生粘连（图3-2-9）。慢性PCP病例可见肺部组织充满黄色结节或脓肿结节，腹股沟淋巴结和肺门淋巴结也有肿大，并有轻度出血。

图3-2-4 肺出血、胸腔充满血样液体

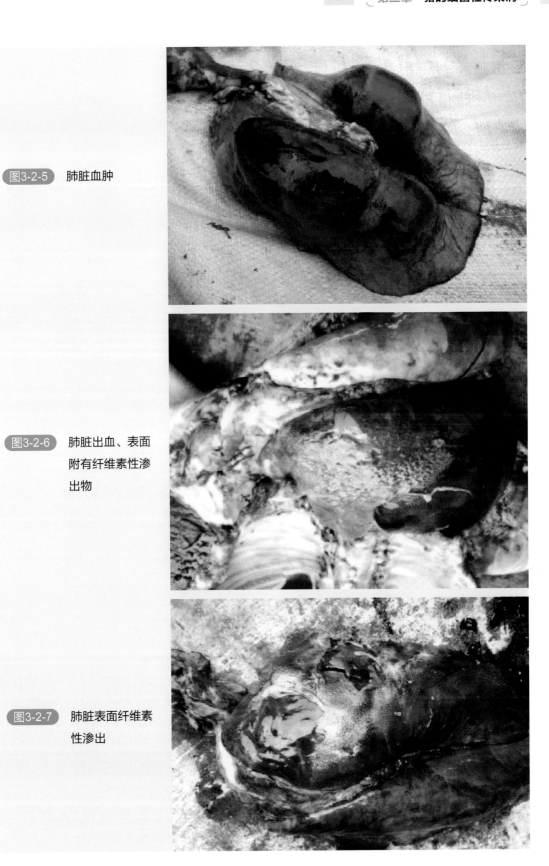

图3-2-5　肺脏血肿

图3-2-6　肺脏出血、表面附有纤维素性渗出物

图3-2-7　肺脏表面纤维素性渗出

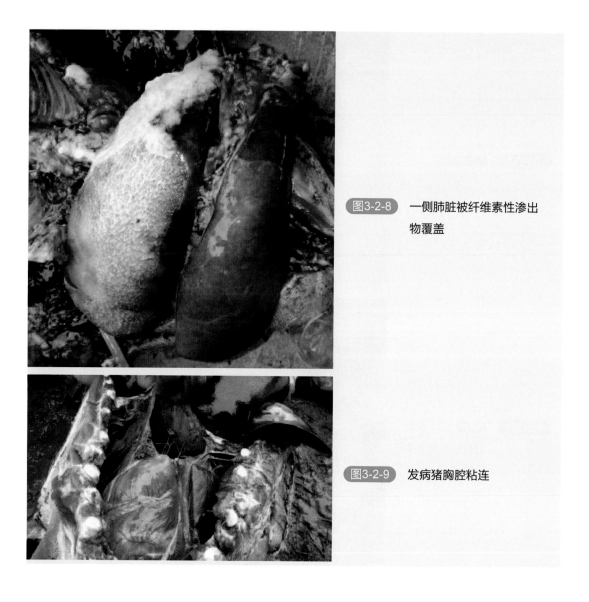

图3-2-8 一侧肺脏被纤维素性渗出物覆盖

图3-2-9 发病猪胸腔粘连

【诊断】

　　根据临床表现和病理变化，一般可对急性PCP作出较为准确的诊断。要注意与之相区别的是急性猪丹毒，两者均多是中大猪和肥猪发病，也呈败血型表现。但这两种病根据以下情况一般不难区分：一是猪丹毒很少有鼻孔出血的情况，偶然有也只是比较稀薄的血水，而PCP鼻孔出血的比例相当高；二是急性PCP肺部出血病变严重，而猪丹毒则要轻得多。

　　如要确诊则需要进行细菌分离、鉴定（图3-2-10）和PCR检测等。APP不同血清型均含有*Apx IV*基因，根据该基因保守区域设计如下引物进行PCR检测。其序列为：上游引物Apx IV F——5'-TTATCCGAACTT TGGTTTAGCC-3'，下游引物Apx IV R——5'-CATATTTGATAAAACCATCCGTC-3'，预期扩增的目的片段的长度为418bp。

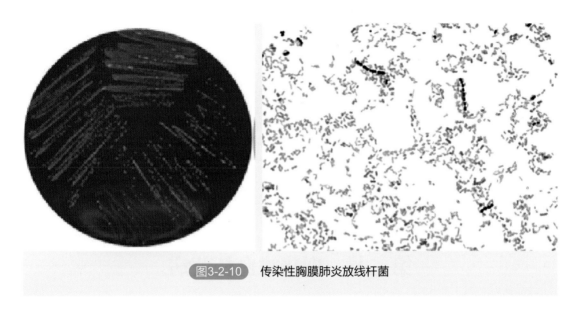

图3-2-10 传染性胸膜肺炎放线杆菌

【预防】

没有发生过PCP的猪场应以生物安全措施的防控为主，特别要注意的是不要从患有PCP的猪群引种。

目前针对该病的疫苗有全菌灭活疫苗和基因工程亚单位疫苗，抗原量足够的疫苗对控制PCP有较好的作用。但使用灭活疫苗应当注意不同血清型之间交叉保护效果不理想。毒素是APP的疫苗的有效成分之一，因而该疫苗具有较大的副作用，影响了疫苗的广泛使用。

除疫苗接种外，规范的饲养管理和消除免疫抑制性疾病的影响也是防控PCP的有效措施：采用分点饲养模式，减少细菌在猪群的循环传播；加强饲养管理，减少转群、运输等应激因素；尽可能消除猪舍内对呼吸道黏膜有损害的因素，如氨气、硫化氢；在生猪发病阶段前定期采用敏感抗生素进行药物预防；降低饲养密度也可以明显降低该病的感染发生率；猪群中蓝耳病、圆环病毒病和伪狂犬病的有效控制可大大减轻APP感染的危害。

【治疗】

刚发病即用敏感的抗生素进行治疗，治疗效果多不错。对该病原较为敏感的抗生素有复方阿莫西林、氨苄西林、头孢曲松、恩诺沙星、环丙沙星、氟苯尼考、多西环素、磺胺二甲等。但要注意，猪群中一旦发生PCP，需要常年使用抗生素预防和治疗，很容易产生耐药性。因此，应定期进行药物敏感性监测，轮换使用不同种类的抗生素药物，以防因细菌产生耐药性而失去临床治疗效果。另外，治疗应尽早进行，临床上，白天发病因能及时发现，病猪的治愈率高；而晚上发病的猪则因延误了治疗时机而往往效果要差不少。

对于发病猪场的建议措施：① 加强巡栏，及时隔离发病生猪；② 发病生猪按3～5毫克/千克体重肌内注射头孢噻呋钠，每天1次，连用3天；体温41℃以上则肌内注射氟尼辛葡甲胺2毫克/千克，一般使用一次即可，如反复上升至41℃，则每天一次，连用

2～3天；呼吸道急性炎症渗出导致呼吸困难者可在急性渗出早期使用一次地塞米松（肌内或静脉注射4～12毫克/头，但使用时应同时使用抗菌药物）；③ 发病猪同群的生猪口服氨苄西林，每升水添加（以氨苄西林有效成分计）50毫克，或者口服经包被恩诺沙星，每升水添加50毫克（以恩诺沙星有效成分计），连用5～7天。应注意定期轮换用药，或根据药物敏感性检测结果使用敏感药物；④ 发病猪及同群生猪按5%～8%拌料或饮水口服葡萄糖粉，同时按商品标识说明在饲料或饮水中添加多种维生素，连用7天；⑤ 全面改善生猪群栏舍环境，保证良好的空气质量和比较合适的温度，在不影响温度的情况下适当降低猪群密度、增加通风（冬季可选在生猪采食、活动时增加通风）。

第三节　副猪嗜血杆菌病

副猪嗜血杆菌病是由副猪嗜血杆菌（Haemophilus parasuis，HPS）引起的一种猪的传染病。副猪嗜血杆菌在猪群中普遍存在，是生猪上呼吸道菌群的正常成员，也是仔猪上呼吸道的一个早期寄居菌。当寄居菌与猪只免疫之间的平衡被打破后可引起发病，主要表现为浆液性或纤维素性多发性浆膜炎、关节炎、脑膜炎、肺炎、败血症等。

【病原】

副猪嗜血杆菌（Haemophilus parasuis，HPS）属于巴氏杆菌科（Pasteurellaceae）嗜血杆菌属（Haemophilus）。本菌是革兰氏阴性菌，具有多形态性：从单个球杆菌到长的、细的以及长丝状。

本菌体外培养的最适生长温度为37℃，需氧。它的生长过程中严格需要Ⅴ因子（烟酰胺腺嘌呤二核苷酸，NAD），但不需要Ⅹ因子（氯化高铁血红素）。在实验室中，HPS一般使用巧克力色营养琼脂进行分离培养。然而，它也能在提供Ⅴ因子来源的葡萄球菌划线血琼脂培养基中进行培养，呈现出特征性的卫星生长现象。HPS在巧克力琼脂培养基上生长24～48小时后能够产生小的、灰白色菌落。

本菌有15种血清型，另外还有部分不可分型菌株。我国以血清型4型和5型为主，其次为血清12、13和14型。各血清型菌株之间的致病性也存在较大的差异。

HPS的抵抗力不强，在环境中的生存时间短，普通消毒剂对本菌都有良好的灭杀作用。

【流行特点】

副猪嗜血杆菌是正常呼吸道菌群成员，在猪群中普遍存在。仔猪最初是在出生后通过与母猪接触获得。在健康状态下，仔猪受到母源抗体保护可抵抗发病，并且HPS与猪只免疫系统之间会达成平衡。但猪只受到其他疾病因素（蓝耳病毒、圆环病毒感染）或者环境因素（断奶应激、转群应激、气温应激等）影响导致机体免疫力下降后，这种平衡将被打破，HPS即可引起猪只发病。从2～16周龄猪均易感此菌，通常见于5～8周龄的保育阶段仔猪发病。

【症状】

该病没有特征性的临床症状，多发生于断奶后不久的仔猪，常见采食量下降、发热、咳嗽、呼吸困难、关节肿胀、四肢震颤、皮毛粗乱等表现（图3-3-1、图3-3-2，视频3-3-1）。这些症状可能会同时或者单独出现。单纯性的副猪嗜血杆菌感染导致的发病不常见，感染后发病多与饲养管理不良、环境差和感染免疫抑制性疾病有关，如视频3-3-1的40日龄的发病小猪即是先感染PRRSV、后继发HPS的结果。

【病理变化】

全身感染以纤维素性或者纤维素性脓性浆膜炎、多关节炎、脑膜炎的发生为特征。在胸腔、腹腔和关节腔及这些腔体的浆膜表面和心包可见淡黄色浆液性或乳白色纤维素性渗出物（图3-3-3～图3-3-12），有时渗出液量特别多（视频3-3-2）。

图3-3-1　关节肿胀、皮毛粗乱

视频3-3-1

（扫码观看：40日龄保育猪蓝耳病继发副猪嗜血杆菌，呼吸促、毛色不好、粗乱）

视频3-3-2

（扫码观看：蓝耳病毒继发副猪嗜血杆菌感染，腹腔积液）

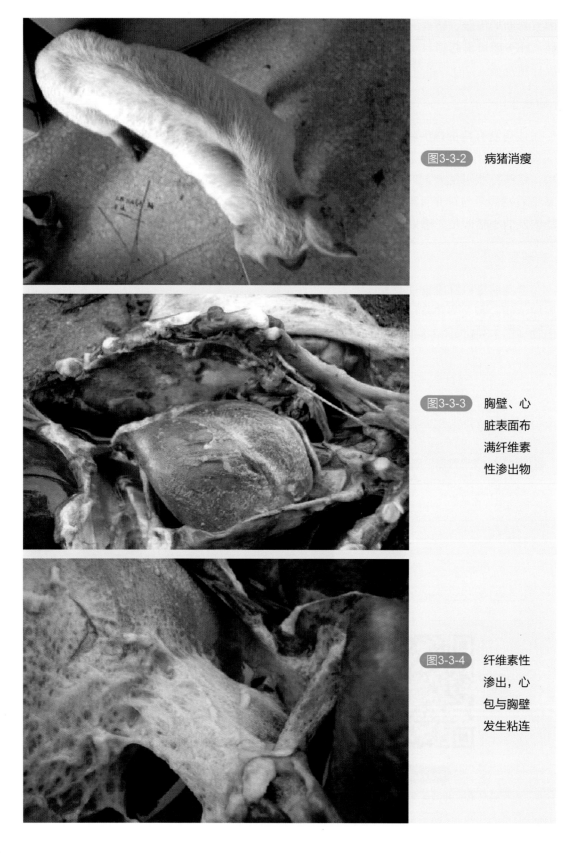

图3-3-2 病猪消瘦

图3-3-3 胸壁、心脏表面布满纤维素性渗出物

图3-3-4 纤维素性渗出，心包与胸壁发生粘连

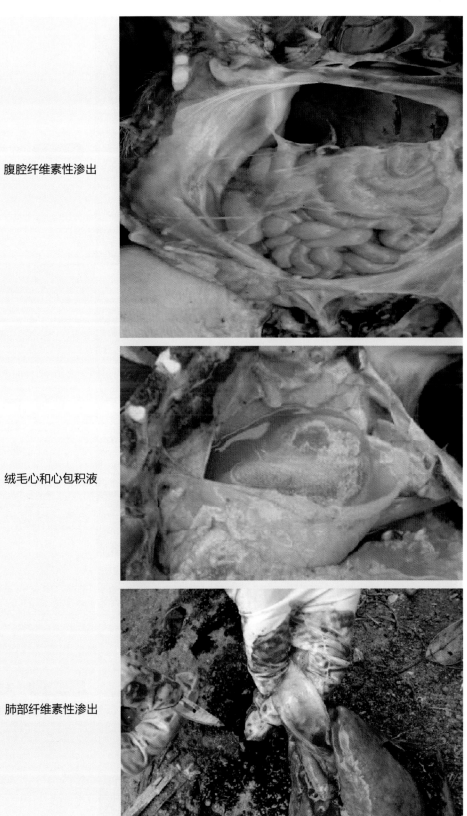

图3-3-5 腹腔纤维素性渗出

图3-3-6 绒毛心和心包积液

图3-3-7 肺部纤维素性渗出

图3-3-8　支气管内黏液

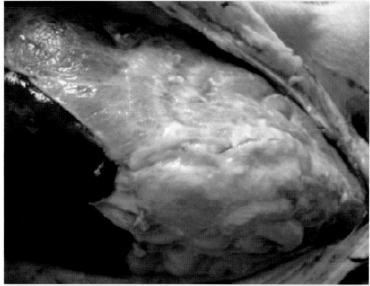

图3-3-9　肺表面附着大量的纤维素性渗出物

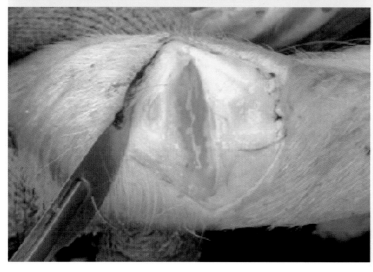

图3-3-10　关节积满胶冻样液体

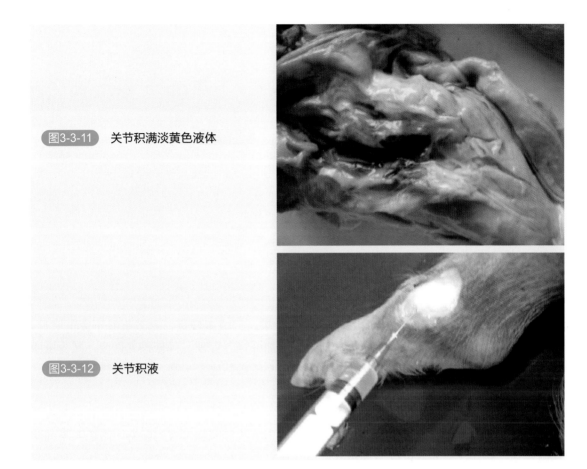

图3-3-11 关节积满淡黄色液体

图3-3-12 关节积液

【诊断】

根据流行病学、临床症状和病理变化，可初步诊断。但由于猪链球菌病与该病在易感日龄、临床症状、病理变化都存在一定的相似性。因此，还需要对病原进行检测（图3-3-13），通常是对细菌进行分离、鉴定。考虑到HPS是健康猪上呼吸道的寄生菌，从鼻腔和气管内检测分离到本菌并不预示发病，建议从肺脏或其他实质器官取样分离细菌（图3-3-14）。

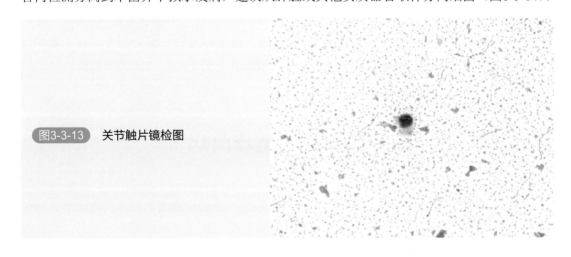

图3-3-13 关节触片镜检图

图3-3-14 分离菌图片

【预防】

通过使用疫苗或者药物进行预防虽有一定效果，但成本较高，且效果并不会很明显。可以通过控制蓝耳病、圆环病毒病等其他疾病，加强饲养管理、降低饲养密度、减少应激等方式提升猪自身免疫力，进而让HPS与猪免疫系统重新建立平衡，实现对该病的预防。

【治疗】

本菌对氟苯尼考、阿莫西林、恩诺沙星、头孢噻呋等药物都较为敏感。考虑到不同猪场耐药性可能存在差异，可以通过药敏试验选择更合适的药物进行治疗。

对于发病猪场的建议措施：① 如果发病猪群同时存在蓝耳病毒或圆环病毒感染应优先采取蓝耳病毒、圆环病毒病控制方案后再采取控制该病原的措施；② 发病生猪用头孢噻呋钠3～5毫克/千克体重肌内注射，每天1次，连用3天；③ 发病猪同群的生猪口服氟苯尼考（也可根据药物敏感性情况选用其他抗菌药物，但一般使用一种即可，不可随意使用多种抗菌药物，尤其是不可将存在配伍禁忌的药物同时使用），按有效成分计，每吨饲料添加20～40克，或每吨水添加20克，连用5～7天；④ 发病猪及同群生猪按5%～8%拌料或饮水口服葡萄糖粉，同时按商品标识说明在饲料或饮水中添加多种维生素，连用7天；⑤ 全面改善生猪群栏舍环境，保证良好的空气质量和比较合适的温度，在不影响温度的情况下适当降低猪群密度、增加通风（冬季可选在生猪采食、活动时增加通风）。

第四节　猪链球菌病

猪链球菌病是由多种不同血清群的链球菌引起的一类猪传染病的总称，临床主要表现为败血症、脑膜炎、关节炎和肺炎等，其中猪链球菌是该病的主要病原菌。另外，猪链球菌也是一种人畜共患病原菌。在临床送检猪病例中，猪链球菌是分离率最高的细菌之一。

【病原】

猪链球菌（*streptococcus suis*，SS）是引起猪链球菌病最主要的病原。SS在固体培养基上常呈单个、两个或短链状，在液体培养基培养呈长链状，是一种革兰氏阳性球菌。本菌为需氧或兼性厌氧菌。体外培养营养要求较高，在普通培养基上生长不良，在加有血液的培养基上生长良好。本菌在血平板上可形成 α 型溶血或者 β 型溶血，前者致病力较低，后者较强。

根据细胞壁荚膜多糖可将SS分为33个血清型，另外还有不少SS菌株不可分型。我国主要流行的血清型有1型、2型、3型、7型、8型、9型等血清型，其中以2型的感染率最高。

SS在外界环境中可存在较长的时间，但对热及常见消毒剂的抵抗力不强。

【流行特点】

SS是生猪的共生正常菌群，猪只的带菌率极高，并且同一头猪可携带几个不同的血清型菌株，同一猪场内同时存在10多种不同血清型的SS的情况也不少见。SS的天然定植部位是猪的上呼吸道（特别是扁桃体和鼻腔）、生殖道和消化道。在健康猪鼻腔拭子及屠宰场肥猪扁桃体中也能分离到大量猪链球菌。伤口（剪牙、断尾、断脐、腹腔注射、去势）常可成为该菌感染、入侵的重要途径。虽然各日龄阶段的猪都可感染猪链球菌，但对生产影响较大的是4～10周龄的保育仔猪。

本菌为条件性致病菌，一般需要在多种诱因下才发病。如饲养管理不当、环境卫生差、温度不适和其他免疫抑制性因素（PRRSV等免疫抑制性病原感染、应激、霉菌毒素等）。这些因素通常导致猪免疫力下降，使猪链球菌趁虚而入，大量繁殖，引起发病。

【症状】

因感染猪的日龄、感染途径、感染菌的毒力差异，发病猪的临床症状也各不一样。超急性发病猪不表现任何症状即突然死亡。急性脑膜炎发病猪主要表现为各类神经症状、共济失调、角弓反张、转圈、站立不稳、划水样动作等（图3-4-1，视频3-4-1～视频3-4-3）；

视频3-4-1

（扫码观看：链球菌脑炎，
仔猪转圈）

视频3-4-2

（扫码观看：链球菌急性
脑炎，快速划水状）

视频3-4-3

（扫码观看：链球菌脑炎，
仔猪转圈、站立不稳）

关节炎型发病猪主要表现为关节肿胀、运动失调（图3-4-2、图3-4-3）；肺炎型发病猪主要出现体温升高、呼吸困难、呼吸急促；此外，还有全身败血型，表现为体表皮发红、充血、出血明显（图3-4-4）。

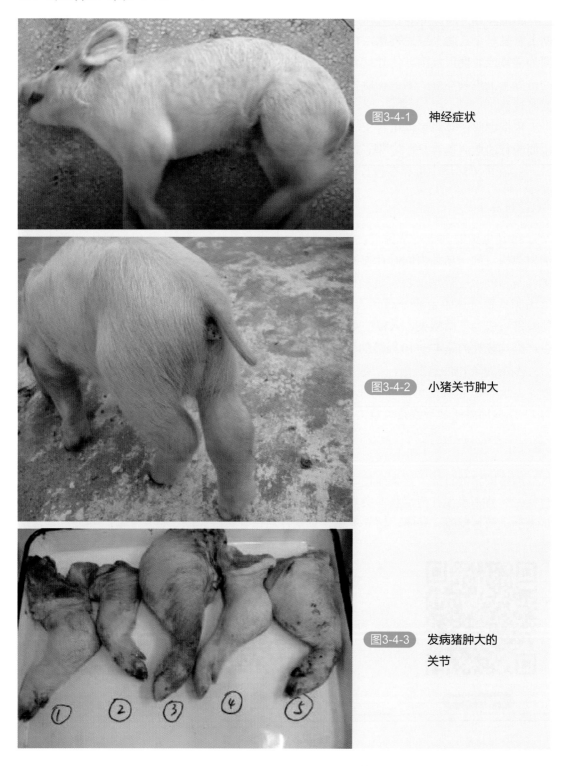

图3-4-1　神经症状

图3-4-2　小猪关节肿大

图3-4-3　发病猪肿大的关节

图3-4-4　急性链球菌引起的败血死亡

【病理变化】

（1）脑膜炎型：脑膜炎症，脑组织充血、脑脊液增多（图3-4-5～图3-4-7）。

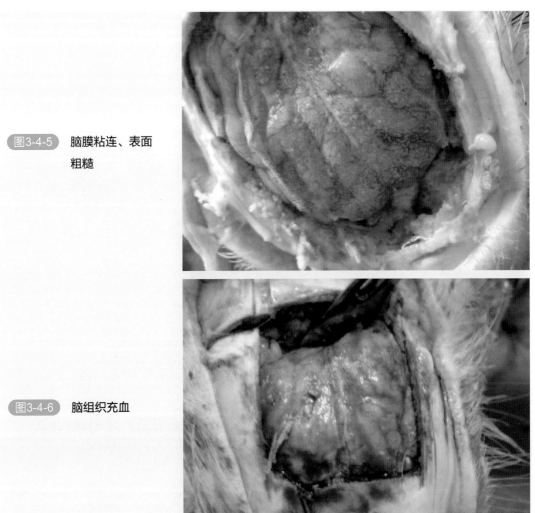

图3-4-5　脑膜粘连、表面粗糙

图3-4-6　脑组织充血

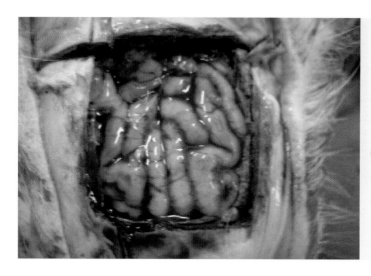

图3-4-7 脑组织充血

（2）肺炎型：发病初期胸腔积液、肺脏出血，心耳出血、心外膜出血；之后可出现纤维素肺炎、心包炎（图3-4-8、图3-4-9），这与副猪嗜血杆菌引起的病变类似，难以区分。

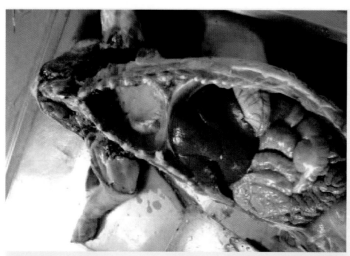

图3-4-8 发病猪胸腔充满纤维素性渗出物

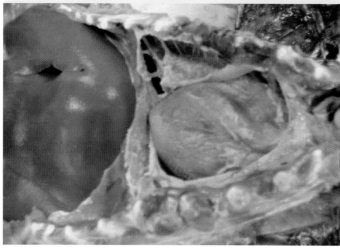

图3-4-9 发病猪胸腔粘连、绒毛心

（3）关节炎型：关节肿胀，发生浆液性纤维素性关节炎。关节腔中含有大量混浊的关节液或者黄白色块状物（图3-4-10～图3-4-12），剖检切开关节有时能流出不少清亮的关节液（视频3-4-4），这种情况有不少人认为多为副猪嗜血杆菌感染的特征，但实际上链球菌感染早期的渗出液清亮的也很多，而副猪感染晚期的渗出液清亮的已很少，多是混浊带有纤维素的渗出液。

（4）败血型：体表皮肤出血、淋巴结出血、心耳出血、肺脏出血、肾脏出血、脾脏肿大（图3-4-13）。

视频3-4-4

（扫码观看：链球菌引起的关节炎早期，关节液流出）

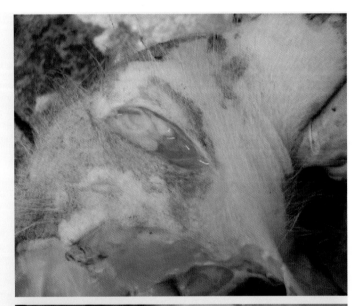

图3-4-10 关节积液（一）

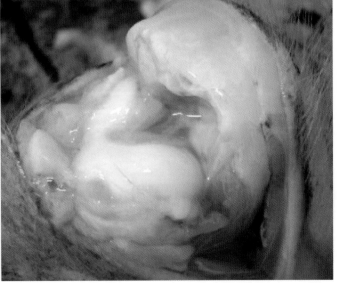

图3-4-11 关节积液（二）

图3-4-12 关节韧带组织化脓

图3-4-13 败血型急性猪链球菌病肺出血（上）、脾脏肿大（下）

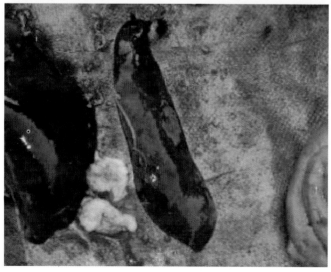

【诊断】

根据流行病学、临床症状和病理变化，可初步诊断。如需确诊还需实验室诊断。实验室诊断：采集发病猪样本，一般需要采集肺脏、脾脏、肾脏、扁桃体；如果是脑膜炎、关节炎，样本则需要采集脑组织或者肿胀的关节（关节液）；在实验室进行细菌分离培养，通过菌落形态和显微镜观察进行初步判定（如图3-4-14），再通过PCR方法进行鉴定。

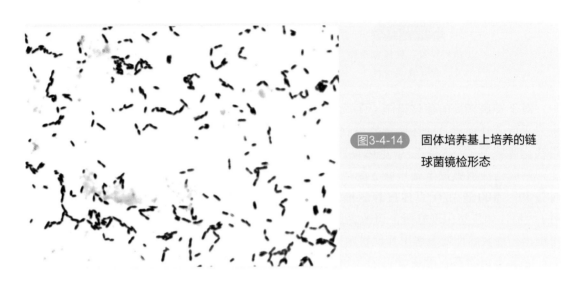

图3-4-14　固体培养基上培养的链球菌镜检形态

【预防】

目前市场上有SS2 7型和马链球菌兽疫亚种的联苗和SS2灭活苗，但SS血清型多，因此选用疫苗时最好先对猪场内的SS进行分型鉴定。通过药物防控本病虽有一定效果，但成本较高，且容易出现耐药性或者反复发病的问题。

SS是条件性致病病原，如果猪群本身的健康水平高，猪链球菌病将会很少发生。因此，一方面建议猪场做好剪牙、断尾、断脐、去势和注射等伤口消毒管理，减少细菌入侵机会；另一方面，加强饲养管理、降低饲养密度、减少应激等方式提升猪自身免疫力，以及通过控制蓝耳病、圆环病毒病等其他疾病，让猪自身免疫力不受其他病原的影响。这些措施可以明显减少生猪链球菌病的发生。此外，及早发现病猪、及时隔离治疗、控制和减少传染源也是猪场防控该病非常重要的措施。

【治疗】

猪链球菌对氟苯尼考、阿莫西林、恩诺沙星、头孢噻呋和磺胺类等抗菌药物都较敏感。猪场可根据实际情况及细菌耐药情况选择合适的药物进行治疗。猪链球病如发现得早，选用敏感药物和对症治疗，可以达到很好的效果，视频3-4-5和视频3-4-6是猪链球菌脑炎群体发病和治疗24小时后的对比情况。

视频3-4-5

（扫码观看：猪链球菌脑
炎，群体发病情况）

视频3-4-6

［扫码观看：猪链球菌脑炎（视频
3-4-5），治疗24小时后的情况］

对于发病猪场的建议措施：① 如果发病猪群同时存在蓝耳病毒或圆环病毒感染，应优先采取蓝耳病毒、圆环病毒病控制方案，然后再采取控制该病原的措施；② 发病生猪用头孢噻呋钠3 ～ 5毫克/千克体重肌内注射，每天一次，连用3天；如体温升至41℃以上，则肌内注射氟尼辛葡甲胺2毫克/千克，一般使用一次即可；急性脑膜炎型病例可同时按50 ～ 100毫克/千克体重静脉推注磺胺嘧啶钠注射液，每日2次，连用2 ～ 3天（注射1天后，如生猪出现好转，可改为肌内注射）；③ 发病猪同群的生猪口服氨苄西林（也可根据药物敏感性情况选用其他抗菌药物，但一般使用一种即可，不可随意使用多种菌药物，尤其不可将存在配伍禁忌的药物同时使用），每升水添加（以氨苄西林有效成分计）50毫克，连用5 ～ 7天；④ 发病猪及同群生猪按5% ～ 8%拌料或饮水口服葡萄糖粉，同时按商品标识说明在饲料或饮水中添加多种维生素，连用7天；⑤ 全面改善生猪群栏舍环境，保证良好的空气质量和比较合适的温度，在不影响温度的情况下适当降低猪群密度、增加通风（冬季可选在生猪采食、活动时增加通风）。

第五节　猪巴氏杆菌病

猪巴氏杆菌病是由多杀性巴氏杆菌感染生猪所引起，表现为急性流行性、散发性或继发性感染为特征的疾病。不同血清型毒株感染可表现出不同的临床症状，主要包括出血性败血性的猪肺疫、亚急性或慢性巴氏杆菌肺炎和萎缩性鼻炎三类不同的临床表现。

【病原】

猪多杀性巴氏杆菌（*pasteurella multocida*，PM），为细小球杆菌，长度为1.0 ～ 1.2微米。革兰氏染色为阴性。用含病原菌的病料样本触片，用美蓝、瑞氏或姬姆萨液染色镜检，菌体呈明显两极着色球杆菌。本菌需氧及兼性厌氧，最适生长温度为37℃，最适pH值为7.2 ～ 7.4，在巧克力培养基、含血液或血清的培养基生长良好。在血液琼脂平板上，形成湿润、光滑、边缘整齐的圆形露珠样灰白色小菌落，不溶血。根据荚膜抗原，可分为A、B、D、E、F型。目前流行的菌株主要为荚膜A型和D型。

【流行特点】

PM是生猪上呼吸道的常在菌，从健康生猪上呼吸道常可分离到A、D型PM。常见的家畜、禽类和野鼠等均携带PM。拥挤、潮湿、卫生条件差、通风不良、寒冷、闷热、潮湿、气候骤变、营养不良、寄生虫侵袭、长途运输等不良因素导致猪的抵抗力下降常可促进猪发生该病，该病也常继发于免疫抑制性病原的感染，如猪肺炎支原体、蓝耳病毒、圆环病毒和伪狂犬病毒的感染等。上述多种因素均可诱发该菌侵入机体内并大量繁殖，引起肺脏的病变甚至出现临床发病表现，如生猪肺炎、萎缩性鼻炎等。PM以感染生长期猪（10~16周龄）和育成猪为主，在保育猪群PM多继发于其他病原（如PRRSV）的感染之后，成年猪如在感染支原体或伪狂犬病毒后则可导致晚期肺炎。PM多通过鼻对鼻的接触传播，偶尔通过飞沫传播。

以前流行性猪肺疫主要为荚膜B型巴氏杆菌感染所引起，但目前国内外均已非常少见。

【症状】

（1）急性败血型感染：表现为高热、呼吸困难、衰竭、咽喉和下颌水肿以及腹部出现紫斑，急性死亡（图3-5-1~图3-5-3）。

（2）亚急性或慢性巴氏杆菌肺炎：常发生于生长育肥猪（10~16周龄），多杀性巴氏杆菌感染猪群后，能使原发性肺炎支原体病恶化或促使猪呼吸道综合征的发生。临床症状通常为咳嗽、间歇热、精神沉郁、急呼吸困难。虽感染猪死亡率并不高，但可延后动物上市的时间并增加生猪的淘汰率，从而对生产成绩产生较大的影响。在屠宰生猪的肺部也常能分离到为数不少的巴氏杆菌，多以A型为主，少量D型。

（3）进行性萎缩性鼻炎：见猪萎缩性鼻炎。

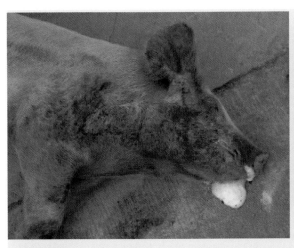

图3-5-1 急性死亡病例（口腔充满白色泡沫）

图3-5-2 急性死亡病例（鼻腔充满白色泡沫）

图3-5-3 肥猪皮毛粗乱，呼吸困难呈犬坐姿势

【病理变化】

（1）萎缩性鼻炎：见猪萎缩性鼻炎。

（2）亚急性或慢性巴氏杆菌肺炎：通常情况下，多杀性巴氏杆菌（主要为荚膜A型多杀性巴氏杆菌）引起的肺炎病变多为混合感染所致，PM仅为混合感染过程中的病原之一。在正常屠宰的猪肺脏中，A型巴氏杆菌分离率较高的肺脏包含不同病变类型，有对称性实变的肺脏（图3-5-4）、心叶和尖叶对称性实变且其他肺叶气肿的肺脏（图3-5-5）、与胸腔粘连的肺脏（图3-5-6）、肺脓肿结合实变的肺脏（图3-5-7）。

图3-5-4 肺脏尖叶、心叶及部分膈叶存在对称性实变

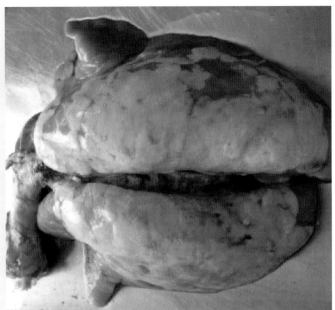

图3-5-5 肺脏对称性实变且其他部位存在肺气肿

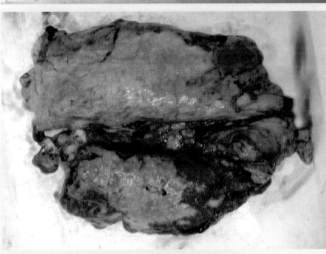

图3-5-6 肺脏与胸腔粘连、表面附有粘连的组织

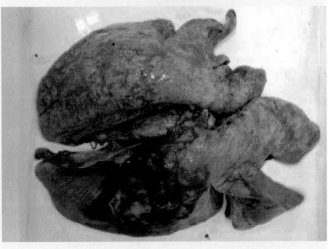

图3-5-7 肺脏膈叶包含有肺脓肿且1个心叶出现实变

（3）急性死亡型：以肺脏实变、出血和气管内充满白色泡沫为主（图3-5-8～图3-5-10）。

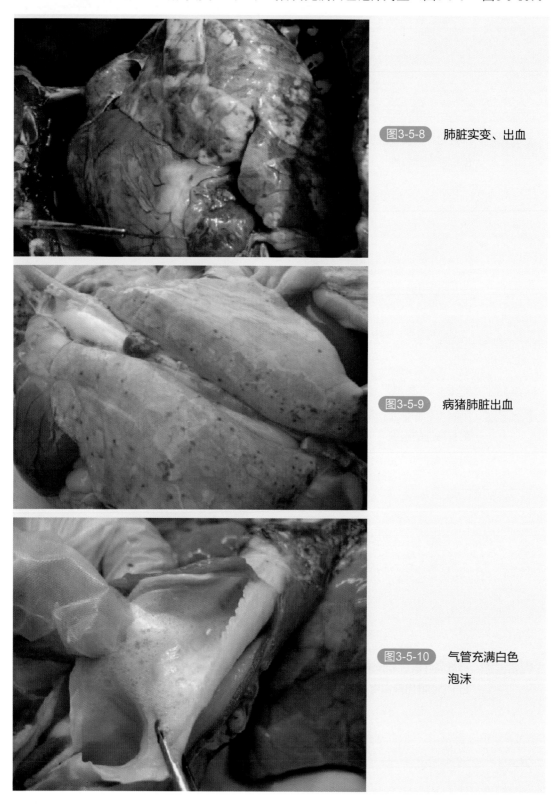

图3-5-8　肺脏实变、出血

图3-5-9　病猪肺脏出血

图3-5-10　气管充满白色
泡沫

【诊断】

根据流行病学、临床表现和病理变化，一般只能怀疑可能有巴氏杆菌感染，确诊需要进行实验室诊断。

（1）取病变组织或局部水肿液触片，用瑞氏、美蓝或革兰氏染色法染色后，显微镜检查，可见卵圆形、两极浓染的短杆菌，即可初步诊断为巴氏杆菌病。

（2）取新鲜病料接种在血液琼脂平板37℃、培养24小时，可长出圆形、光滑、湿润的小菌落，然后通过PCR检测，可确定是否为巴氏杆菌以及巴氏杆菌的荚膜型。

【预防】

巴氏杆菌多存在于正常猪的上呼吸道，是条件性致病病原，猪的抵抗力下降是巴氏杆菌引起疾病的一个前提条件，因此，做好以下工作可以有效降低巴氏杆菌感染引起的危害。

（1）加强饲养管理，适当降低猪群密度，做好防寒、防暑工作，避免低温、潮湿、高温、高湿不良环境的影响，尤其应做好气候多变季节猪群的管理，及时调整通风和保温设施，确保生猪处于比较稳定的生长环境。

（2）减少生产操作过程中的各种应激（转群、抓捕、运输）带来的不良影响。

（3）做好猪肺炎支原体、蓝耳病毒、圆环病毒和猪伪狂犬病毒疫苗的免疫工作。

【治疗】

选用恩诺沙星、环丙沙星、氟苯尼考、青霉素、头孢噻呋钠等敏感药物进行口服或注射治疗。

对于发病猪场的建议措施：① 如果发病猪群同时存在蓝耳病毒、圆环病毒或猪肺炎支原体感染应优先采取蓝耳病、圆环病毒病或肺炎支原体病控制方案，然后再考虑如何控制该病原；② 发病生猪及时隔离，按2～3毫克/千克体重肌内注射恩诺沙星，每天1次，连用3天；③ 发病猪以外的同群生猪口服经包被恩诺沙星，每升水添加50毫克（以恩诺沙星有效成分计），连用5～7天；或口服替米考星，每吨饲料添加200～400克（以替米考星成分计），连用7～14天；④ 发病猪及同群生猪按5%～8%拌料或饮水口服葡萄糖粉，同时按商品标识说明在饲料或饮水中添加多种维生素，连用7天；⑤ 全面改善生猪群栏舍环境，保证良好的空气质量和比较合适的温度，在不影响温度的情况下适当降低猪群密度、增加通风（冬季可选在生猪采食、活动时增加通风）。

第六节　猪萎缩性鼻炎

猪萎缩性鼻炎是由细菌引起的一种慢性呼吸道疾病。按照发病程度可细分为进行性萎缩性鼻炎（PAR）和非进行性萎缩性鼻炎（NPAR）。主要以鼻甲骨（尤其是下卷曲）萎缩和额面部变形为主要特征的慢性鼻炎症状。病猪主要表现为打喷嚏、鼻塞、流鼻涕，形成

"泪斑"，严重的则有鼻出血和歪鼻子等症状。仔猪的生长发育严重受阻，导致饲料报酬率降低，对养猪业可造成重大的经济损失。

【病原】

引起猪萎缩性鼻炎的病原有两种：一种是引起进行性萎缩性鼻炎的多杀性巴氏杆菌（*Pasteurella multocida*，PM）；另一种是引起非进行性萎缩性鼻炎的波氏杆菌（*Bordetella bronchiseptica*，BB）。

引起进行性萎缩性鼻炎的细菌是产生PMT毒素的D型PM，但也有少数A型菌株也能分泌PMT毒素。PM的更详细介绍请见第五节"猪多杀性巴氏杆菌病"。

波氏杆菌属于变形属菌，其产生的皮肤坏死毒素有破坏鼻甲骨以及引起肺损伤的功能。虽然BB在血琼脂上能迅速生长，但由于分离部位是鼻腔，属于高污染区域，一般需采用选择性培养基进行分离。BB对青霉素、链霉素和壮观霉素都不敏感，可用含有10微克/毫升青霉素、10微克/毫升链霉素和10微克/毫升壮观霉素的血琼脂平板对其进行分离。

【流行特点】

该病呈世界范围内分布。

PM广泛存在于哺乳动物，通常是多种动物正常菌群的一部分，在临床上主要表现为隐形感染。其传播主要是鼻与鼻接触传播的方式，偶尔能通过气溶胶传播。

BB广泛分布于世界各地，在猪群中广泛流行。无论是从患有肺炎或者萎缩性鼻炎的病猪中，还是健康猪的皮肤上均能较易分离出BB。其传播途径主要是空气传播，各日龄的猪均对BB易感。在10～37℃的条件下，土壤中的BB能够存活45天。

【症状】

（1）进行性萎缩性鼻炎（PAR）：除了鼻塞、打喷嚏以外，可见上颌短小，鼻背面皮肤可见典型的嵌入皱褶，病变严重的猪，鼻子呈明显的扭曲状，俗称"歪鼻子猪"（图3-6-1、图3-6-2）。

图3-6-1 鼻筒萎缩变形（一）

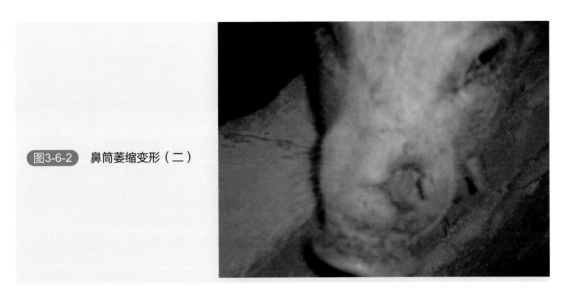

图3-6-2　鼻筒萎缩变形（二）

（2）非进行性萎缩性鼻炎（NPAR）：会出现鼻炎和支气管炎的典型症状，包括打喷嚏、流鼻汁、流泪以及反复性干咳。病猪常因鼻炎刺激黏膜而表现不安，如摇头、拱地、搔抓或摩擦鼻部。吸气时鼻孔开张，发出鼾声，严重的张口呼吸。由于鼻泪管阻塞，泪液流出眼外，在眼内眦下皮肤上形成弯月形的湿润区，被尘土沾污结成黑色痕迹，称为"泪斑"（图3-6-3）。另外，BB极易引发其他病原的继发感染，部分猪只出现肺炎也与BB感染早期造成的肺部损伤有关。

图3-6-3　小猪泪斑

【病理变化】

（1）进行性萎缩性鼻炎（PAR）：腹侧和背侧鼻甲发生不同程度的萎缩。鼻腔内可见脓性渗出液，偶尔伴随出血。继鼻炎后而出现鼻甲骨萎缩（图3-6-4、图3-6-5），致使鼻腔和面部变形，是PAR特征性症状。

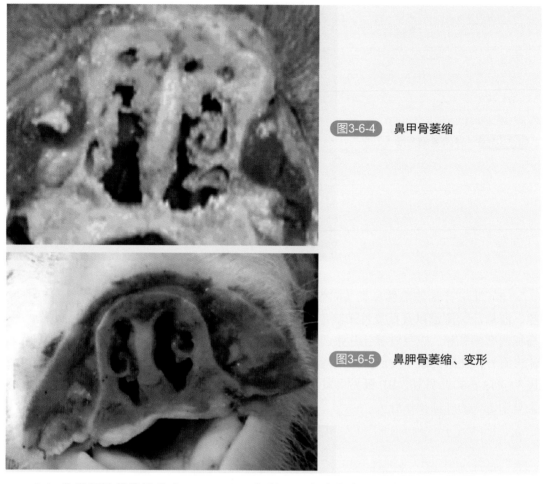

图3-6-4 鼻甲骨萎缩

图3-6-5 鼻胛骨萎缩、变形

（2）非进行性萎缩性鼻炎（NPAR）：肉眼可见鼻腔中有分泌物，鼻甲骨呈轻度或中度萎缩；肺部膈叶容易出现纤维化。

【诊断】

可以通过临床症状、病理变化进行初步诊断。进一步确诊可通过细菌分离、分子生物学检测等方法鉴定。

检测引起进行性萎缩性鼻炎的D型PM引物，其序列为：上游引物PM-D-F 5'-TTACAAAAGAAAGACTAGGAGCCC-3'，下游引物PM-D-R 5'-CATCTACCCACTCAACCATATCAG-3'，预期扩增的目的片段的长度为1044 bp。

BB的检测引物是根据其鞭毛蛋白设计的一对特异性检测引物，其上游引物序列为Bb-F——5'-CCCCCGCACATTTCCGAACTTC-3'，其下游引物序列为5'-AGGCTCCCAAGAGAGAAAGGCTT-3'，预期扩增的目的片段的长度为237bp。

【预防】

（1）改进饲养管理、提高空气质量、改进通风设备，并采用全进全出的管理模式，每批次之间的猪栏进行彻底的清洗消毒。

（2）该病流行严重的猪场可在小猪断奶前选用环丙沙星、氟苯尼考、阿莫西林等任意一种药物进行保健，但应注意轮换用药，以防细菌产生耐药菌株。

（3）发病明显的猪场还可给种猪和断奶仔猪接种萎缩性鼻炎疫苗。

【治疗】

可选用头孢菌素类、氟苯尼考和氟奎诺酮类药物进行口服或肌内注射治疗，用药较多的猪场最好定期进行细菌分离，根据分离菌的药物敏感试验结果选择敏感药物进行治疗。但萎缩性鼻炎中后期由于造成鼻甲骨不可逆的损伤，治疗价值有限。

对于生猪出现有泪斑、鼻甲骨变形等萎缩性鼻炎问题的猪场建议措施：① 如果发病猪群同时存在蓝耳病毒、圆环病毒感染则应优先采取蓝耳病、圆环病毒病控制方案，然后再采取控制该病原的措施；② 发病生猪及时隔离，按2～3毫克/千克体重肌内注射恩诺沙星，每天1次，连用3天；③ 发病猪以外的同群生猪口服氟苯尼考（也可根据药物敏感性情况选用其他抗菌药物，但一般使用一种即可，不可随意使用多种抗菌药物，尤其不可将存在配伍禁忌的药物同时使用），按有效成分计，每吨饲料添加20～40克，或每吨水添加20克，连用5～7天；④ 全面改善生猪群栏舍环境，保证良好的空气质量和比较合适的温度，在不影响温度的情况下适当降低猪群密度、增加通风（冬季可选在生猪采食、活动时增加通风）。

第七节　猪增生性肠炎

猪增生性肠炎（proliferative enteritis，PE），又名猪增生性回肠炎（proliferative ileitis）是由胞内劳森菌引起的一种肠道疾病。

本病于1931年首次报道，1993年才确定病原是胞内劳森菌。目前，本病广泛分布于世界各国。国内很多猪场也有胞内劳森菌的存在，但由于抗生素的大量使用，该病多数没有表现出明显的临床症状，引起的危害也不很明显，但在养猪发达国家PE疫苗的使用比较普遍，说明其潜在的危害大。

【病原】

胞内劳森菌是一种专性胞内寄生菌，此菌最容易在肠上皮细胞的细胞浆内生长，是一种弯曲或直的弧状杆菌，末端渐细或钝圆，长1.25～1.75微米，宽0.25～0.43微米，革兰染色阴性，同时还具有抗酸染色特征。

本菌严格细胞内寄生，用常规细菌培养基都未能成功分离本菌。在37℃低氧加氢环境下，使用小鼠成纤维细胞可培养本菌。该菌在5～15℃条件下可以在粪便中存活2周，季铵盐和碘碱的混合物能完全杀灭该菌。

【流行特点】

胞内劳森菌宿主范围广泛，呈全球性散发分布。除感染猪外，还可感染犬、鹿、狐狸、猴子等。在仔猪到肥猪单点饲养没有滥用抗生素的猪场，仔猪感染通常发生在断奶后数周内，这可能与母源抗体消失有关；在根据日龄分栋饲养的猪场，猪群胞内劳森菌感染常延迟到12～20周龄；部分猪场呈现断奶猪、育肥猪、成年猪间歇感染，这可能与抗生素的使用有关。

主要经消化道传播，发病猪或者带菌猪是本病的主要传染源，粪便中含有大量的细菌，并可造成外界环境、饲料和饮水等的污染。在PE阳性场，生猪的感染率很高，但发病率明显要低，饲养管理不良和应激因素可促进感染动物发病。

【症状】

按照发病病程可分为急性型、慢性型和亚临床型。

（1）急性型　发病年龄多为4～12月龄青年猪，临床上表现为急性出血性贫血（图3-7-1）。首次观察到的临床症状常常是排出黑色柏油状粪便（图3-7-2），后期粪便转为黄色稀粪或血样粪便。有的猪只没有出现粪便异常就急性死亡，主要表现为皮肤苍白。表现为急性症状的感染猪只，如未人工干预治疗，感染猪只死亡率可超过50%。

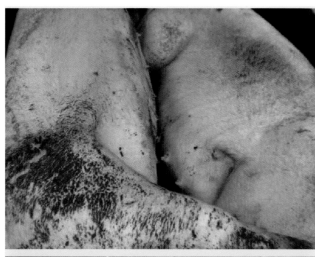

图3-7-1　死亡母猪皮肤苍白

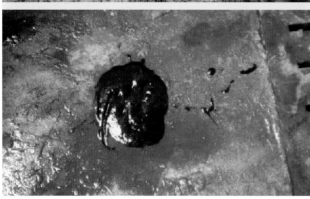

图3-7-2　栏舍地面可见煤焦油样粪便

（2）慢性型 多发于6～12周龄生长猪。感染猪的临床症状有多种表现，从无明显症状到一定程度的食欲减退或废绝，各有不同。部分猪出现间歇性腹泻，粪便变软、变稀而呈现糊状或水样。无并发症的感染猪在出现临床症状4～10周开始恢复。与正常猪相比，感染猪的平均日增重降低6%～20%，饲料利用率降低6%～25%。

（3）亚临床型 感染猪虽然有病原体存在，却无明显的临床症状。也可能发生轻微腹泻但常不引起注意，生长速度和饲料利用率明显下降。

【病理变化】

本病的主要病理变化在肠道，其他脏器病变少。急性出血性PE，感染猪肠壁增厚（图3-7-3）、回肠和结肠充满黑色内容物（图3-7-4），肿胀并有一定程度的浆膜水肿。肠道内出血，有新鲜的血液或一至多个血块。直肠中可能含有血液与消化产物混合而成的黑色柏油状粪便或凝固的血块（图3-7-3～图3-7-6）。

 图3-7-3 回肠肠壁出血、增厚

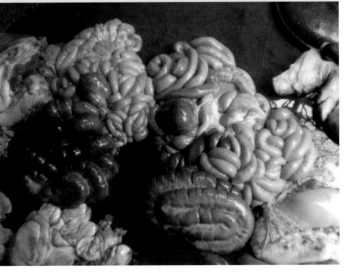

图3-7-4 回肠、结肠充满黑色内容物

图3-7-5 回肠充满凝固的血块

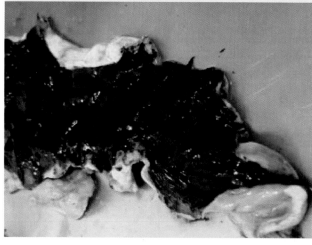

图3-7-6 回肠肠壁增厚，肠腔内有沥青样内容物

　　慢性PE可见感染猪肠壁增厚，肠系膜淋巴结肿大（图3-7-7），肠管直径增大，肠腔内有大量的坏死组织碎片，肠黏膜表面有点状炎性渗出物（图3-7-8）。

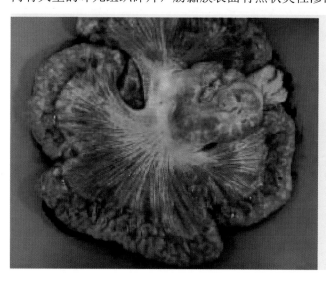

图3-7-7 慢性PE，肠壁明显增厚，肠系膜淋巴结肿大（自J Pohlenz）

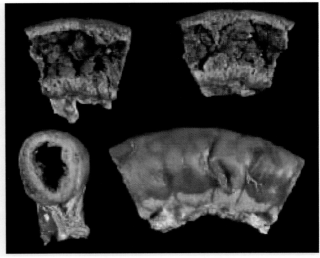

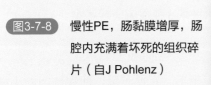
图3-7-8 慢性PE，肠黏膜增厚，肠腔内充满着坏死的组织碎片（自J Pohlenz）

【诊断】

根据流行病学、临床症状和病理变化，可初步诊断。进一步确诊需要对病原进行检测。传统的细菌学检查是取病变黏膜涂片进行姬姆萨染色或者镀银染色，观察肠腺细胞内是否有胞内寄生菌存在。另外，还可采用PCR方法进行诊断，使用特异性引物对粪便或肠道样本进行PCR检测。由于隐性感染的比例很高，血清学检测不适合进行PE诊断。

【预防】

（1）实行全进全出制度或者多点饲养管理。

（2）搞好猪场卫生清洁工作，定期进行猪舍内外环境的消毒。

（3）减少或防止各种应激因素（拥挤、气候突变、运输等）对猪群的影响。

（4）规律性发病的猪场可在发病时间来临前，提前使用药物进行预防。

（5）疫苗接种也是一种非常有效预防和控制本病的方法，通过口服低剂量的弱毒活疫苗能获得显著的免疫保护抗体。

【治疗】

用于治疗的药物主要有泰妙菌素、泰乐菌素、林可霉素、硫酸黏杆菌素，各猪场可根据情况选用平时较少使用的药物进行治疗。

对于发病猪场的建议措施：① 加强巡栏，及时隔离明显发病生猪；② 发病生猪按10毫克/千克体重肌内注射泰乐菌素，每天1～2次，连用3天；粪便明显带有血液者可肌内注射止血敏0.25～0.5克/头，一般使用一次即可，如使用后仍有明显出血，可6～7小时后再使用一次，每天使用量不超过0.5～1.5克；③ 发病猪以外的同群生猪口服泰妙菌素，按有效成分计，每吨饲料添加40～100克，或每升水添加40～60毫克，连用5～7天；④ 全面改善猪群栏舍环境，降低猪群密度，减少或杜绝对生猪的各种应激。

第八节　仔猪大肠杆菌病

　　仔猪大肠杆菌病是由致病性大肠杆菌引起的仔猪消化道传染性疾病，以发生肠炎、肠毒血症为特征。常见的有仔猪黄痢、仔猪白痢和仔猪水肿病3种临床表现类型。

【病原】

　　大肠杆菌为革兰氏染色阴性、无芽孢、一般有数根鞭毛、有微荚膜、两端钝圆的小杆菌。该菌长2～3微米、宽0.4～0.7微米，在普通培养基上易于生长，于37℃培养24小时形成圆形凸起、湿润的半透明、灰白色菌落；在麦康凯培养基上生长可形成粉红色菌落（图3-8-1）；在血琼脂培养基上生长，部分大肠杆菌具有β溶血活性（图3-8-2）；在肉汤液体培养基中容易生长，可出现高度浑浊状态，并形成浅灰色易摇散的沉淀物，一般不形成菌膜。猪肠道内的大肠杆菌绝大多数为肠道正常细菌，只有极少数是致病菌。致病性大肠杆菌可分为肠毒素性大肠杆菌（ETEC）、水肿病大肠杆菌（EDEC）、黏附和损伤性大肠杆菌（AEEC）。病原性大肠杆菌与肠道内寄居和大量存在的非致病性大肠杆菌，在形态、染色、培养特性和生化反应等方面无任何差别，但致病性大肠杆菌含有外毒素和特定的黏附因子，外毒素有引起腹泻的肠毒素ST、LT和导致水肿病的类志贺毒素Stx，黏附因子主要有F4、F5、F41和F18，前3个黏附因子与腹泻有关，F18则是引起水肿的大肠杆菌的黏附因子。

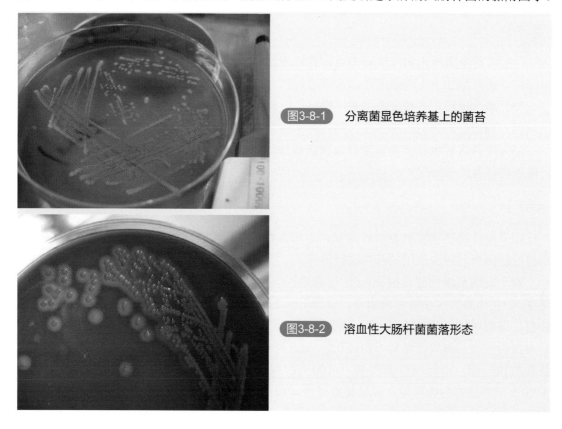

　图3-8-1　分离菌显色培养基上的菌苔

　图3-8-2　溶血性大肠杆菌菌落形态

本菌广泛分布于自然环境，但对外界因素抵抗力不强，60℃、15分钟即可死亡，一般消毒药均易将其杀灭。

【流行特点】

本病在世界各地均有流行，集约化养殖的猪场发病严重，分散饲养的发病少。新母猪（第1、2胎）所产仔猪发病严重，随着胎次的增加，仔猪发病逐渐减轻。这是由于母猪长期感染大肠杆菌而逐渐产生了对该菌的免疫力。在新建的猪场，由于后备母猪多，本病的危害严重，之后发病逐渐减轻也就是这个原因。

该病的发生与饲养管理和猪舍卫生有很大关系，在冬春两季气温剧变、潮湿或猪舍温度低及母猪乳汁缺乏或质量不好时发病较多。一窝仔猪有一头发生后，其余的往往同时或相继发生。仔猪水肿病则主要与断奶过渡不好有关，断奶后饲喂过多、饮水不足、饲料中蛋白质含量偏高往往能诱使水肿病发生。另外，当饲料中缺乏矿物质（主要为硒）和维生素（B族维生素及维生素E）也能引发此病。

【症状与病理变化】

（1）仔猪黄痢　仔猪黄痢又称早发性大肠杆菌病，是1～7日龄仔猪发生的一种急性、高度致死性的疾病。一般在出生后3天左右发病，最迟不超过7天。临床上以剧烈腹泻、排黄色水样稀便、迅速死亡为特征。窝内出现第一头病猪后，1～2天内同窝仔猪相继发病。仔猪突然腹泻，排出稀薄如水样粪便，黄色至灰黄色（图3-8-3、图3-8-4），腥臭，腹泻频率高。病猪口渴、脱水，迅速消瘦，最后昏迷死亡。

尸体严重脱水，胃肠道膨胀，有多量黄色液体内容物和气体（图3-8-5），肠黏膜呈急性卡他性炎症变化，小肠壁变薄，以十二指肠最严重，黏膜上皮变性、坏死。胃膨胀，内有酸臭凝乳块（图3-8-6）。肠系膜淋巴结有弥漫性小点出血，有时可见肝、肾有凝固性小坏死灶。

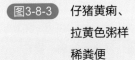
图3-8-3　仔猪黄痢、拉黄色粥样稀粪便

图3-8-4 仔猪黄痢

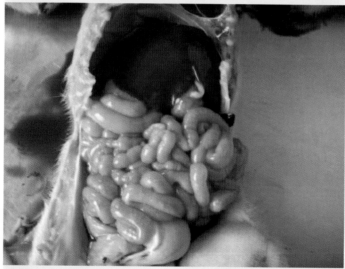

图3-8-5 仔猪黄痢肠道充满气体和少量黄色内容物

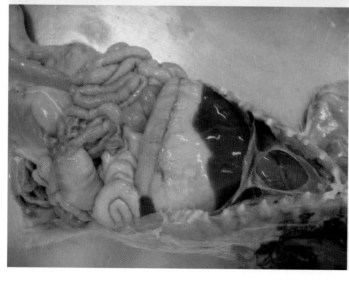

图3-8-6 仔猪黄白痢、胃充满凝乳块，难以排空

（2）仔猪白痢　仔猪白痢是由大肠杆菌引起的10日龄左右至断奶前仔猪的消化道传染病。临床上仔猪突然发生腹泻，以排乳白色或灰白色、腥臭、浆糊状稀粪为特征为主要特征（图3-8-7～图3-8-9），发病率高而致死率低，病程一般2～3天，长的可达一周，多能自行康复，但发病严重的仔猪生长发育受影响较大，导致育肥周期延长。

图3-8-7　仔猪白痢，肛门沾有白色稀粪

图3-8-8　仔猪白痢，栏舍表面有白色粪便

图3-8-9　仔猪白痢，产床表面有灰白色稀粪

剖检尸体外表苍白、消瘦、脱水、肠黏膜有卡他性炎症病变，肠系膜轻度肿胀。

（3）仔猪水肿 主要发生于断奶仔猪的一种肠毒血症，并且是健壮仔猪多发，发病率低，但致死率高。常见患病仔猪脸部、眼睑、结膜、齿龈出现水肿，有时波及颈部和腹部等部位（图3-8-10、图3-8-11），但体温一般无变化。神经症状明显，表现为口吐白沫、肌肉颤抖、阵发性抽搐、步态蹒跚样、盲目运动或转圈，发展为共济失调、麻痹和倒卧，四肢呈划水样，多数病猪出现神经症状后几小时或几天内死亡。病死率高达50%～90%，有的甚至在90%以上。

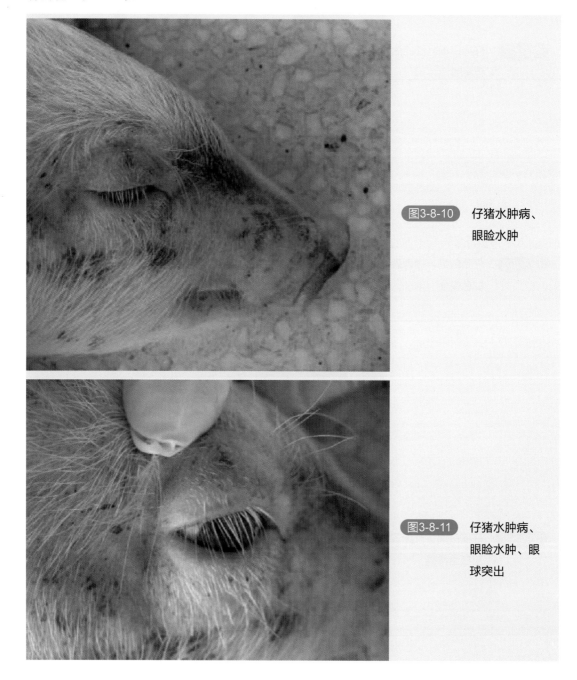

图3-8-10 仔猪水肿病、眼睑水肿

图3-8-11 仔猪水肿病、眼睑水肿、眼球突出

剖检病变主要是水肿，胃壁及肠系膜水肿最为明显（图3-8-12、图3-8-13）。胃贲门区黏膜水肿增厚可达2厘米以上，严重时可延伸到黏膜下层组织，水肿液为胶冻状。此外，经常可见胆囊、肾脏周围及头部皮下水肿（图3-8-14、图3-8-15）。腹腔、胸腔和心包腔中有过量渗出液，内含纤维素性物质，肺有不同程度水肿，有些病例能观察到喉头水肿，心脏内、外膜有淤血点。

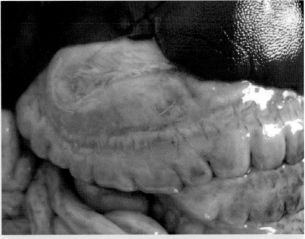

图3-8-12　仔猪水肿病肠系膜水肿

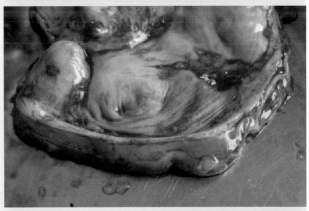

图3-8-13　仔猪水肿病、胃壁水肿

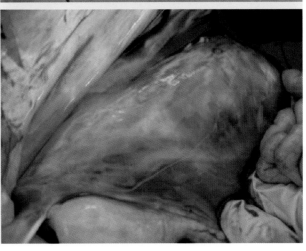

图3-8-14　仔猪水肿病、肾脏周围水肿

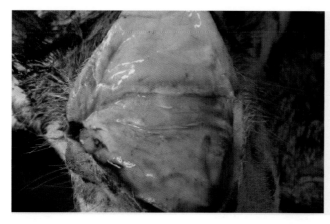

图3-8-15　仔猪水肿病、头部皮下水肿

【诊断】

猪大肠杆菌通常根据其流行特点和临床症状结合剖检即可做出初步诊断，必要时可进行实验室检测。该病的实验室检测包括细菌分离鉴定、肠毒素和黏附素抗原基因的测定等。

细菌分离鉴定，即取黄痢和白痢病猪的小肠前段，用无菌盐水轻轻冲洗后刮取黏膜，或取水肿病病猪肠系膜淋巴结，胃壁、肠系膜水肿液接种麦康凯培养基后37℃培养18～24小时，挑取红色菌落（图3-8-1）做进一步培养和生化试验，并用大肠杆菌因子血清鉴定血清型。也可采用PCR技术直接检测样品中肠毒素性大肠杆菌黏附素或肠毒素基因。

临床上，仔猪大肠杆菌感染应注意与魏氏梭菌、传染性胃肠炎病毒、轮状病毒和球虫感染相区别。由肠毒素性大肠杆菌感染引起的分泌性腹泻粪便pH值偏碱，而传染性胃肠炎和轮状病毒感染导致吸收不良性腹泻粪便则偏酸，因此根据粪便的pH值可以初步推断。

【预防】

（1）将分娩舍设置为一个个相对较小的生产单元，尽量做到母猪分娩全进全出，批次间做好产床的彻底清扫和消毒工作。

（2）做好母猪产前的消毒以及接产工作，减少新生仔猪接触致病性大肠杆菌的机会或数量，尽快让仔猪吃上初乳，防止新生仔猪出现挨冻挨饿的情况。每天做好产床的清洁工作，及时清理母猪粪尿，并每2天用消毒液喷洒一次母猪后驱部分的产床，同时保持母猪产床清洁、干燥。产床消毒可用醛或酚制剂，乳房消毒可用稀聚维铜碘溶液进行擦拭。

（3）母猪产前1周可饲喂益生菌制剂，改善母猪肠道健康水平。

（4）新母猪可在产前使用流行菌株进行人工感染性免疫或接种疫苗。

（5）加强仔猪换料的过渡管理，设置3天左右的过渡时间，逐步增加新饲料的比例，确保仔猪胃肠道能平稳适应新的饲料，防止胃肠道功能失调，致病性大肠杆菌过渡繁殖；在仔猪断奶或换料期间还可以考虑在饲料中适当添加益生菌制剂，提高仔猪肠道有益菌的数量。

【治疗】

不少大肠杆菌已形成了对多种药物的耐药性。目前，对大肠杆菌比较有效的药物有头孢噻呋钠、恩诺沙星、氟苯尼考、硫酸黏杆菌素、环丙沙星等。仔猪水肿病往往治疗效果不佳，主要以预防为主。仔猪黄、白痢可选用以下方法进行治疗：① 100毫克/升硫酸黏杆菌素饮水口服，或按3～5毫克/千克体重肌内注射头孢噻呋钠（也可根据分离大肠杆菌药敏检测结果选用敏感抗菌药物），每天1次，连用3天；② 抗菌药物使用完毕后，口服乳酸杆菌、枯草芽孢杆菌和屎肠球菌等益生菌＋有机酸制剂帮助仔猪恢复肠道健康。

第九节　猪沙门氏菌病

猪沙门氏菌病又称为猪副伤寒，能引起猪发病的沙门氏菌的种类有10种之多，但主要的病原是猪霍乱沙门菌和鼠伤寒沙门菌两种。前者几乎只感染猪，引起猪的败血症；而后者却能感染包括人在内的多种动物，感染猪后引起结肠炎而引起严重的腹泻。

【病原】

沙门氏菌为两端钝圆、中等大小的直杆菌，革兰氏染色阴性，长2～5微米、宽0.7～1.5微米。沙门氏菌在自然界分布广泛，生命力强，7～45℃均可繁殖。本菌对干燥、腐败和阳光具有一定的抵抗力，在外界适宜的环境中可存活数周甚至数月，在粪便氧化池中也可存活近2个月。但对化学消毒剂抵抗力不强，常用消毒剂均能有效杀灭沙门氏菌。

【流行特点】

沙门氏菌存在于动物的肠道内，应激因素可使带菌动物排菌量增加。病猪和带菌猪是本病的主要传染来源，可通过猪与猪之间直接接触，或通过污染的生产工具、环境以及空气传播，消化道是最常见的传播途径。

本病主要发生于断奶后1～5月龄的仔猪，而成年猪及哺乳仔猪很少发生。本病多呈散发性，一年四季均可发生，但在多雨潮湿的季节发病更多。环境不洁，饲料、饮水质量差以及长途运输均可促进本病的发生。

【症状】

本病的潜伏期为3～30天，不同的沙门氏菌感染可能出现不同的临床表现。

（1）猪霍乱沙门氏菌　急性败血型通常是由猪霍乱沙门氏菌引起，多发生在5月龄以内的仔猪和生长猪。病猪体温升高（41～42℃）、不食、腹泻，耳根、胸前和腹下皮肤有紫红色斑点、发绀，后期出现黄色水样腹泻。多数病程为2～4天，本病虽发病率不高，但病死率很高。目前，猪霍乱沙门氏菌感染常引起亚急性或者慢性症状，与肠炎型猪瘟的临床表现有一定相似。病猪体温升高（40.5～41.5℃），寒战，打堆，眼有黏性或者脓性分泌物，上下眼睑常粘连，严重者发展为溃疡。病猪食欲不振，初便秘后腹泻，粪便淡黄色或灰绿色、恶臭（图3-9-1）。病程2～3周或更长，最后极度消瘦、衰竭而亡（图3-9-2）。有的病猪临床症状虽逐渐减轻，但以后生长发育受阻，继续饲养的价值下降或者短期内又复发。

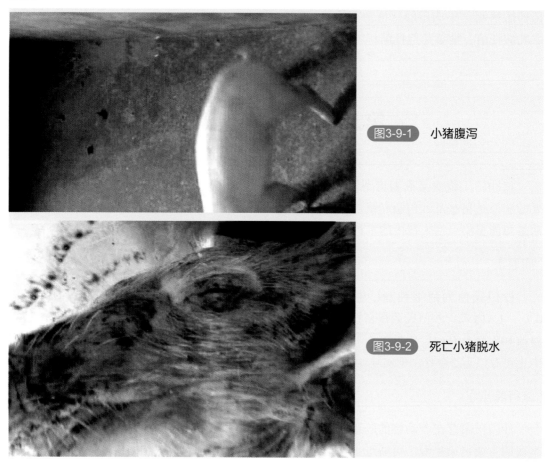

图3-9-1 小猪腹泻

图3-9-2 死亡小猪脱水

（2）鼠伤寒沙门菌　鼠伤寒沙门菌导致的小肠结肠炎多发生于断奶后不久至4月龄的猪只，开始时的症状为水样黄色腹泻，初期无血和黏液，数天内可波及全栏仔猪。第一次腹泻持续3～7天，但腹泻常复发2～3次，病情时轻时重，病程长达几周，粪便中可见散在的少量出血。

【病理变化】

（1）急性败血型　病猪体况较好，耳尖、臀部及腹部皮肤发绀。脾脏肿大，颜色发紫；肾脏可见明显淤血，呈暗红褐色；肝脏肿大，肝实质可见灰黄色坏死灶；肺脏弥漫性充血、出血及水肿；肠系膜淋巴结高度肿大，呈索状，其他淋巴结也有不同程度的肿大、出血，大理石样外观；全身浆膜、黏膜有不同程度的点状出血，或者弥漫性出血，尤其以胃底部黏膜出血最为显著，呈暗紫色。

（2）慢性型　主要病变是小肠炎、结肠炎、盲肠炎。肠系淋巴结严重肿大，病变肠壁水肿、增厚，肠黏膜表面有一层灰黄色或者淡绿色麸皮样假膜（图3-9-3），剥开假膜可见肠黏膜充血呈暗红色，并可见弥漫性溃疡灶或者纽扣状溃疡灶；盲肠和结肠内容物被胆汁染色，呈黑色沙粒状。

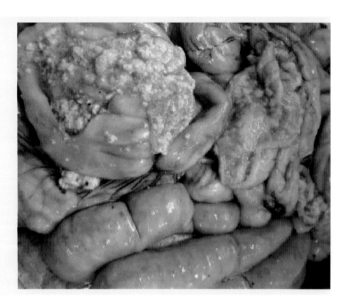

图3-9-3 盲肠、结肠黏膜糠麸样坏死

【诊断】

根据流行病学、临床症状和病理变化，可初步诊断。如需确诊，可取发病猪病料（肝脏、脾脏、肠系膜淋巴结、肠道）进行细菌的分离与鉴定（图3-9-4、图3-9-5）。

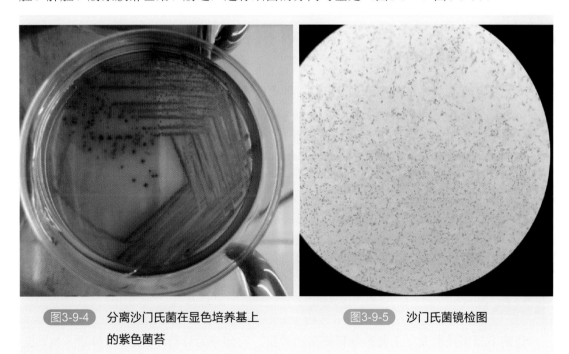

图3-9-4 分离沙门氏菌在显色培养基上的紫色菌苔

图3-9-5 沙门氏菌镜检图

【预防】

加强饲养管理、消除发病诱因，是预防本病的重要环节。出生仔猪尽早吃上初乳，仔猪断奶实行分群管理，按照体重大小进行分栏，减少环境应激。在本病的流行区域，可以考虑给断奶后的仔猪口服或者肌内注射仔猪副伤寒活苗。部分仔猪注射疫苗时，应激反应较大，一般1～2天后可自行恢复，应激反应严重者可注射肾上腺素抢救，口服接种时无上述反应或反应轻微。

（1）口服法 按瓶签标明的头份，使用前用冷开水稀释，每头份5.0～10.0毫升，给仔猪灌服，或稀释后均匀地拌入少量新鲜饲料中，让猪自行采食。

（2）注射法 按瓶签注明的头份，用20%氢氧化铝胶生理盐水稀释，每头1.0毫升。

【治疗】

本病需要在改善饲养管理的基础上进行隔离治疗才能取得较好的效果。可选用氟苯尼考、新霉素、硫酸黏杆菌素等药物进行拌料治疗。

发生该病的猪场建议治疗方案：① 硫酸黏杆菌素（按有效成分计）40克/吨饲料拌料口服；或口服氟苯尼考（也可根据细菌药物敏感性情况选用其他抗菌药物，但一般使用一种即可，不可随意使用多种抗菌药物，尤其是不可将存在配伍禁忌的药物同时使用），按有效成分计，每吨饲料添加20～40克，连用5天；② 发病不食的生猪，按20～30毫克/千克体重肌内注射氟苯尼考，每日2次，连用3～5天；或按2.5毫克/千克体重肌内注射恩诺沙星，每天1次，连用3～5天。

第十节 母猪猝死症

母猪猝死症主要是由于梭菌而引起的一种急性致死性传染病，临床上病猪主要特征是母猪因腹部突然快速臌气而迅速死亡，并以4胎以上的母猪多发，育肥猪也有偶尔发生的情况，猪死后尸体迅速臌气。病程持续稍长的病猪会表现腹部明显臌胀，有白沫从口流出，发出数声尖叫后倒地抽搐。病猪死后还表现出可视黏膜发绀，且肛门外翻。

【病原】

产气荚膜梭菌和诺维氏梭菌都为厌氧菌，且形态相似，为两端稍钝圆的大肠杆菌，呈粗杆状，以单个菌体或成双排列，革兰氏染色阳性，细菌对营养要求不太苛刻，在普通培养基上能迅速生长。病原体在外界环境中能存活较长时间，如果形成芽孢，可耐受高热、消毒剂、紫外线等。

【流行特点】

该病多呈零星散发，主要影响育肥猪和种猪，大部分为母猪，4胎以上母猪多发。当生长育肥猪、母猪受到免疫抑制性因素影响，或饮用病原含量高的脏水、饲料颗粒过细且猪只采食过快等因素可导致该病的发生。

【症状】

腹部急剧膨大、死亡，或死亡后腹部急剧膨大（图3-10-1）。由产气荚膜梭菌导致的猝死母猪，外观上膨胀主要在腹部，但诺维氏梭菌导致的猝死母猪整个尸体膨胀更加明显，且尸体腐败与分解速度更快。

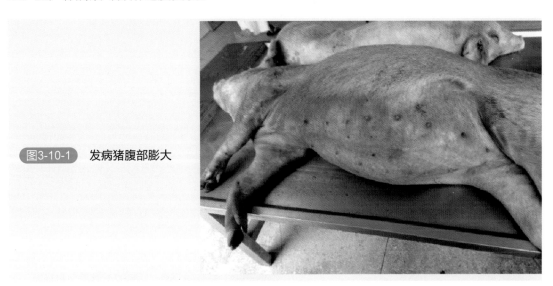

图3-10-1　发病猪腹部膨大

【病理病变】

解剖可见胃或肠道臌气（图3-10-2），腹腔充满血红色液体（图3-10-3），细菌感染实质脏器（如肝脏），表面可见到蜂窝状密集的小孔（图3-10-4），由产气荚膜梭菌导致的猝死母猪，实质脏器及皮肤肌肉腐败现象较少见到，而诺维氏梭菌导致的猝死母猪，脾脏肿大，肝脏降解、气肿，形成所谓的"泡沫肝"，全身各实质脏器及皮肤肌肉都有快速腐败的现象。

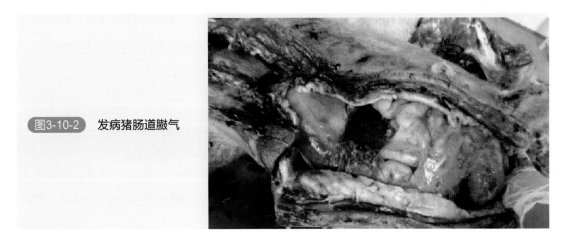

图3-10-2　发病猪肠道臌气

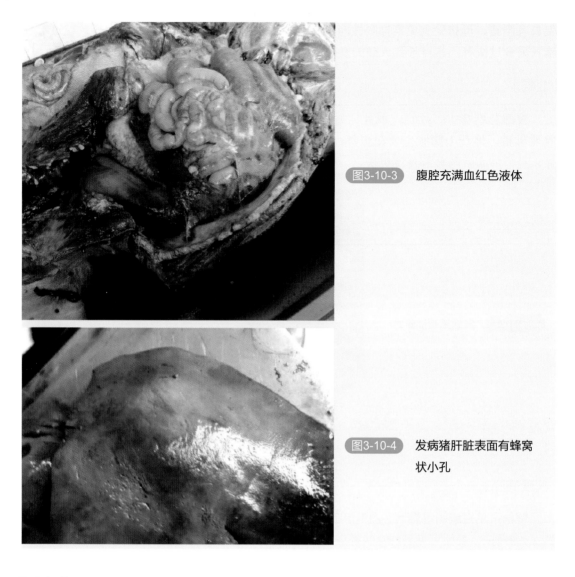

图3-10-3 腹腔充满血红色液体

图3-10-4 发病猪肝脏表面有蜂窝
状小孔

【诊断】

根据流行病学、临床症状和病理变化特点可初步判定，确诊需实验室诊断。通过感染组织的抹片，结合细菌革兰氏染色镜检及免疫荧光的方法可快速进行病原菌的鉴定。

【预防】

（1）加强饲养管理，做好栏舍卫生工作，给猪群供应充足、清洁、适温的饮用水。

（2）适当保持饲料中粗纤维的含量，防止长期使用颗粒过细的精料饲喂生猪。

（3）均衡饲喂生猪，防止生猪出现过饥、过饱导致消化不良的情况。

（4）合理配制日粮，保证饲料原材料质量，禁用霉变饲料或突然更换饲料。猪场若常暴发此病，可于常发时间之前，在饲料中添加恩拉霉素、喹乙醇、杆菌肽锌等任意一种药物进行抑菌预防作用。

（5）在发病猪群饲料中添加酸化剂和微生态制剂，改善生猪肠道环境，防止梭菌在体内过度增殖。

【治疗】

该病往往来不及治疗，发现时生猪已经死亡。因此主要依靠预防性措施来减少该病的损失。

第十一节　猪渗出性皮炎

猪渗出性皮炎又称为"油猪病"，是一种由猪葡萄球菌引起的一种仔猪高度接触性皮肤疾病。患猪出现全身性皮炎，可导致脱水死亡。该病常呈散发性（个别猪群可能发病数量很多），第一、二胎母猪所生哺乳仔猪和断奶仔猪易出现该病。

【病原】

本病的病原体为猪葡萄球菌（*Staphylococcus hyicus*）。猪葡萄球菌为圆形或者卵圆形、革兰氏染色阳性菌；若培养时间过长，衰老后常为革兰氏阴性。本菌没有鞭毛，不形成芽孢和荚膜，常呈葡萄串状排列，但在液体中培养则呈双球状或者短链状。本菌可产生溶血毒素、致死毒素、皮肤坏死毒素等多种毒素。

本菌在70℃条件下1小时才能杀死，在干燥的脓汁和血液中可生存数月，反复冷冻30次仍能存活，但一般消毒剂均可杀灭该病原。

【流行特点】

本病主要发生在5～10日龄的哺乳仔猪或者刚断奶的仔猪，成年猪发病率低，无特异性免疫力的新母猪所产仔猪更易于发生该病。虽然发病猪是本病的主要传染源，但猪葡萄球菌在自然环境中分布极广泛，在空气、尘埃、污水中等都存在，同时它也是猪体表的常在菌。因此，本病主要是在皮肤黏膜损伤、抵抗力下降时，猪葡萄球菌通过受损部位侵入皮肤，引起毛囊炎、蜂窝组织炎等。本病无明显的季节性，但在潮湿的春末和夏初发病率略高。

【症状】

多发生于乳猪和断奶仔猪，最初在眼、耳、鼻、唇部出现红斑，随后蔓延到四肢、腹下以及肛门部，并长有淡黄色小水泡。1～2天后水泡破裂，渗出液与皮屑、皮脂及污垢混合，发病猪体表覆盖一层黄褐色油脂样恶臭物；但这些物质干燥后，形成鳞片状结痂，下层皮肤有明显的红斑（图3-11-1、图3-11-2）。

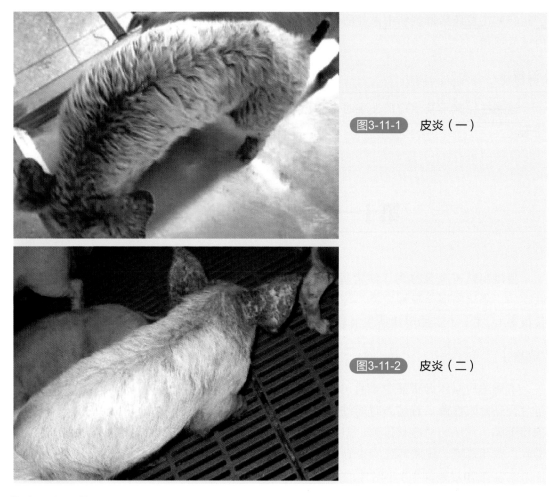

图3-11-1 皮炎（一）

图3-11-2 皮炎（二）

【病理变化】

本病的眼观病变与临床症状基本相同。严重者下颌淋巴结、腹股沟淋巴结等可发生边缘出血，表面呈棕褐色（图3-11-3、图3-11-4）。

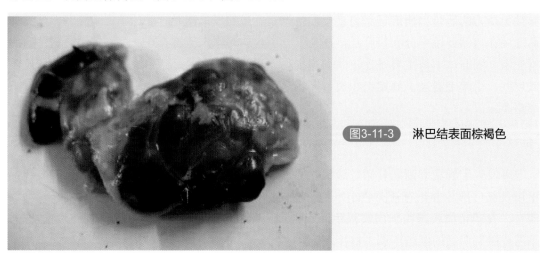

图3-11-3 淋巴结表面棕褐色

图3-11-4　淋巴结边缘出血

【诊断】

　　本病的临床症状和病理变化较为典型，仔猪群发生该病容易与其他疾病相区分，一般根据临床症状和病变可以初步诊断。如果需要实验室确诊，可以采集化脓的皮肤组织进行镜检或者细菌分离，严重者可从淋巴结分离到大量葡萄球菌（图3-11-5）。分离的细菌可通过生化试验或对葡萄球菌的 *Gap* 基因进行PCR检测并测序鉴定。扩增引物如下，Fp——ATGGTTTTGGTAGAATTGGTCGTTTA；Rp——GACATTTCG TTATCATA CCAAGCTG。PCR产物长度为931bp。

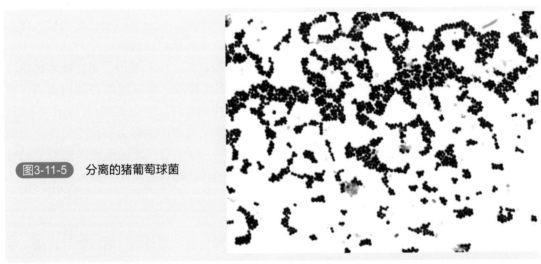

图3-11-5　分离的猪葡萄球菌

【预防】

　　由于葡萄球菌是一种常在菌，广泛存在于自然界和猪体表。因此，除早发现、早治疗、早隔离发病猪外，还需提高猪只抵抗力。要注意减少皮肤外伤，确保栏舍表面和产床平整，没有锐利的突出物，做好仔猪伤口管理，磨平新生仔猪剪牙后的断齿，做好断脐、断尾、去势的消毒工作。另外，带菌猪是否发病还与仔猪本身的抵抗力有关，因此，规范的饲养管理和控制好免疫抑制性疾病有助于该病的防控。

【治疗】

该病的治疗需要及早进行，选用敏感的抗菌药物可减轻皮肤的病变程度和减小病变范围，促进伤口的愈合。葡萄球菌容易产生耐药性，治疗本病时可以从病猪中分离本病的病原菌，根据药敏试验结果使用药物。建议可采用头孢氨苄，30毫克/千克体重，肌内注射，每天2次，连用3天。此外应加强发病猪场的栏舍消毒，并用1%～2%的龙胆紫溶液对发病仔猪皮肤进行喷洒消毒或药浴，每天一次，连用5～7天。

第十二节　猪支原体肺炎

猪支原体肺炎又称猪地方流行性肺炎，是由猪肺炎支原体引起的猪的一种呼吸道传染病，主要临床症状为咳嗽和气喘，病理变化特征是肺的尖叶、心叶、中间叶和隔叶前缘呈肉样变或虾样变。

【病原】

猪肺炎支原体是支原体科支原体属的成员。因无细胞壁，故呈多形态，有环状、球状等。猪肺炎支原体革兰氏染色阴性，但染色效果不好，瑞氏染色较理想。

猪肺炎支原体分离培养较为复杂，生长条件要求较严格，生长缓慢，需在特定的培养基中才能培养。液体培养基由含有水解乳蛋白的组织缓冲液、酵母浸液和动物血清（或猪肺炎支原体抗体阴性猪血清）组成。在液体培养基中培养时，可观察到pH值出现下降，pH值下降的速度与菌体接种量有关，pH值下降的程度又与菌体的毒力和浓度有关。猪肺炎支原体在固体培养基上生长也较慢，接种培养基7～10天后，才能形成肉眼可见的针尖和露珠样菌落。本菌对外界环境抵抗力不强，常用消毒药都可短时间杀灭本病原。

【流行特点】

猪肺炎支原体主要通过带菌猪与其他猪鼻对鼻接触传播，此外还可通过空气传播。尽管哺乳母猪可以通过垂直传播感染哺乳仔猪，但感染速度较慢。大多数仔猪是在断奶后才感染，主要是通过与已经感染仔猪鼻对鼻接触感染或者感染肥猪排出的含有猪肺炎支原体的气溶胶感染。首次感染本菌的猪场临床症状较为明显，老疫区或以前感染过支原体的阳性猪场临床症状不明显，但如果受到不良环境条件（寒冷、潮湿、气候突变、饲养密度大、运输应激等）影响，则会表现出大量临床病例，并且在猪群内的传播速度加快。如果群体还存在蓝耳病毒、圆环病毒、伪狂犬病毒等病毒感染，并且继发猪链球菌、多杀性巴氏杆菌、传染性胸膜肺炎放线杆菌等细菌感染，则会加重病情，死亡率明显高于单一感染。中国地方品种猪较引进品种更为敏感，发病更为严重。

视频3-12-1

（扫码观看：猪肺炎支原体感染，喘气、腹式呼吸）

【症状】

猪支原体肺炎是一种发病率高、死亡率低的慢性疾病。除初次发病的阴性猪场发病严重外，其他情况的猪场一般都呈现慢性型或者隐性型临床症状。

（1）急性型　主要见于新疫区，发病猪精神不振，呼吸次数剧增，达60～120次/分。严重者张口喘气，发出哮鸣声（似拉风箱）。病程一般为1～2周，病猪消瘦、呼吸困难（图3-12-1、图3-12-2），常表现为腹式呼吸（视频3-12-1），病死率较高。

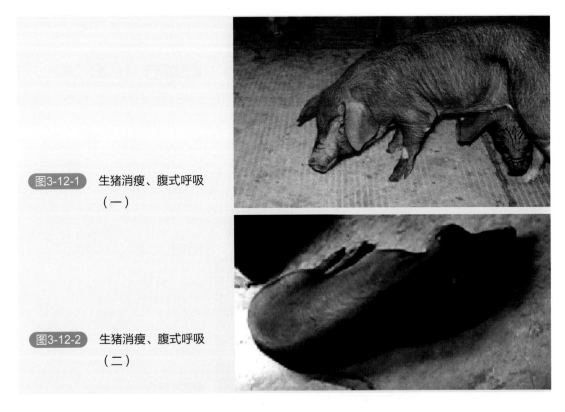

图3-12-1　生猪消瘦、腹式呼吸（一）

图3-12-2　生猪消瘦、腹式呼吸（二）

（2）慢性型　常见于老疫区的育肥猪和后备母猪。主要临床症状为咳嗽，清晨和傍晚气温低时或赶猪喂食和剧烈运动时，咳嗽明显，声音粗厉、深沉，严重时出现连续性痉挛性咳嗽。病程及预后与饲养管理、卫生条件、继发感染有很大关系，条件好则发病率低，病程短；条件差则病程长，并发症多，病死率高。

（3）隐性型　有的猪在饲养条件好的情况下，感染后不表现临床症状，但剖检仍可见病理变化。

【病理变化】

感染猪在心叶、尖叶、中间叶、隔叶出现融合性气管炎，以心叶病变最显著。早期病理变化发生在心叶，实变区域呈绿豆大小，之后逐渐扩展融合形成多叶病理变化（图3-12-3）。两侧病理变化大致对称，病变部位的颜色多为淡红色或者灰红色，界限明显，形似肌肉，俗称"肉变"（图3-12-4、图3-12-5）。肺门淋巴结和隔淋巴结显著肿大，边缘充血。继发细菌感染时，可引起肺和胸膜的纤维素性、化脓性病理变化，有的猪甚至出现心包粘连（图3-12-6、图3-12-7）。

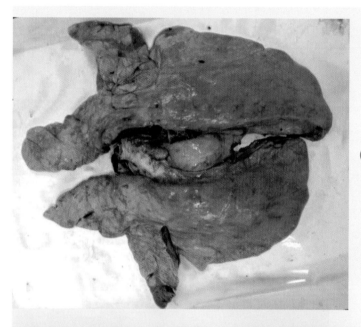

图3-12-3　心叶有小范围实变

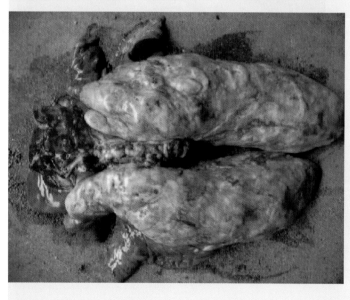

图3-12-4　肺部气肿，心叶、尖叶对称性实变

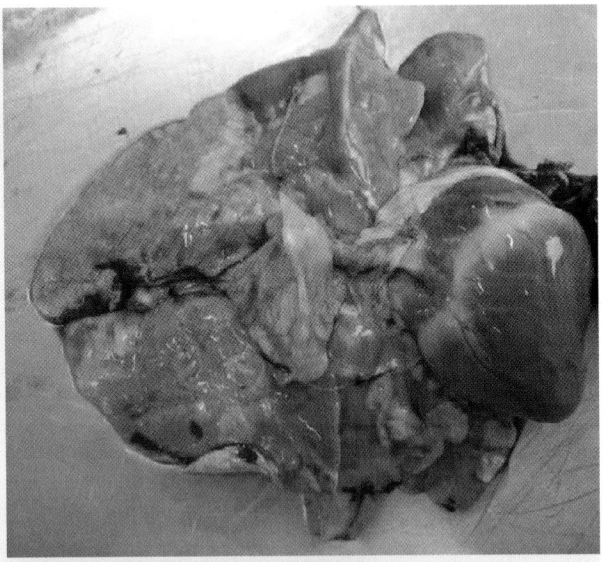

图3-12-5　对称性肉变

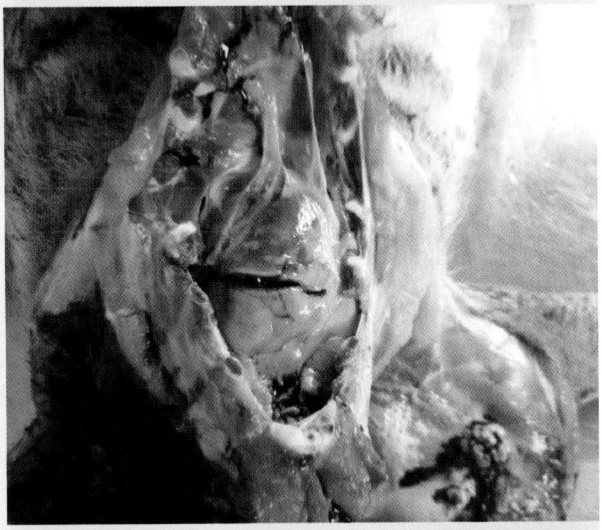

图3-12-6　胸膜粘连

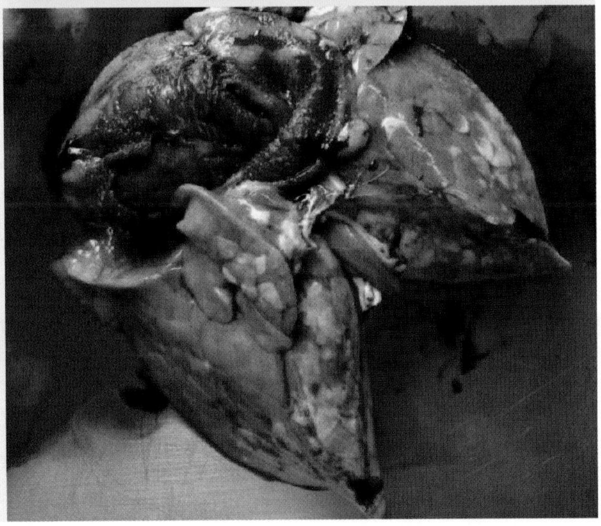

图3-12-7　心包粘连

【诊断】

根据临床症状、流行病学、病理变化可初步诊断。用PCR方法检测发病猪肺脏灌洗液或鼻腔拭子中的支原体可以进行确诊。因为支原体肺炎的隐性感染比例大，根据ELISA等血清学方法的检测结果进行诊断要慎重。

以前X光检测对本病诊断有重要价值，但操作难度较大，不太适合临床诊断。流感以及部分细菌混合感染可出现类似病理变化，应注意综合判断，并结合实验室方法来进行诊断。

【预防】

目前，弱毒疫苗和灭活苗疫苗仅可降低感染猪肺脏病变严重程度，改善生猪的生产性能，但并不能完全阻止病原感染生猪。

预防本病需采取综合措施。加强饲养管理、降低饲养密度、做好猪场局部环境的管理，降低气候突变、寒冷、潮湿以及有毒有害气体对生猪呼吸系统的负面影响。此外，还应加强对其他疾病的防控（猪伪狂犬病、猪蓝耳病、猪圆环病毒病、传染性胸膜肺炎），降低继发感染的风险和危害。

猪支原体的疫苗效果不佳、药物防控也不彻底，但两者联合应用，结合早期断奶，可从感染猪群中选猪并建立一个无肺炎支原体存在的猪群。养猪业发达国家联合应用以下2种或3种方法成功地消灭了猪群中的支原体，建立了无支原体感染的阴性猪群：① 疫苗免疫，提高猪只的特异性免疫，减少猪群中的感染猪只（保护易感动物）；② 药物控制，降低感染猪只体内的细菌数（控制传染源）；③ 早期断奶，当仔猪还存有母源抗体时即断奶，并将仔猪转移到一干净的猪场饲养（分点饲养，切断传播途径）。

【治疗】

可用土霉素、卡那霉素、多西环素、泰万菌素和泰妙菌素等药物拌料治疗或者注射治疗。

发病猪场的建议治疗方案：① 隔离明显发病生猪，按卡那霉素有效成分计，10～15毫克/千克体重，肌内注射；或者按10～20毫克/千克体重肌内注射土霉素，每天2次，连用3～5天；或按2.5毫克/千克体重肌内注射恩诺沙星，每天1次，连用3～5天；② 发病猪同群生猪，按每吨饲料添加多西环素有效成分150～250克拌料饲喂，连用7天；或每吨饲料添加泰妙菌素40～100克，拌料饲喂，连用7～10天；③ 改善猪场栏舍环境，防止猪舍出现低温、低湿、风速过快或盗风，同时也应及时清扫栏舍，适当降低饲养密度，保证猪舍空气质量，严防氨气、硫化氢、二氧化碳等有毒有害气体超标。

第十三节 猪痢疾

猪痢疾曾称为猪血痢、黏液出血性腹泻或弧菌性痢疾，是由致病性猪痢疾短螺旋体引起的一种肠道传染病。其特征为黏液性或者黏液出血性腹泻，大肠黏膜发生卡他性出血性炎症，有的发展为纤维性坏死性炎症。

【病原】

本病的病原体为猪痢疾短螺旋体，曾被称为猪痢疾密螺旋体、猪痢疾蛇形螺旋体，主要存在发病猪的病变段黏膜、肠内容物及粪便中。短螺旋体有4～6个弯曲，两端尖锐，呈缓慢旋转的螺丝线状。在暗视野显微镜下较活泼，以长轴为中心旋转运动。

本菌为严格厌氧菌，对培养基要求严格。在厌氧条件下，于37～42℃培养6小时，在鲜血琼脂上可见明显的β溶血，在溶血带的边缘，有云雾状薄层生长物或针尖状透明菌落。

本菌对外界环境抵抗力较强，在25℃粪便中可存活1周；在4℃环境中可存活3个月以上；对消毒剂抵抗力不强，普通浓度的过氧乙酸、氢氧化钠均能迅速将其杀死。

【流行特点】

猪痢疾仅引起猪发病，各种年龄和不同品种的猪均易感，生长育成猪发生最为普遍，从保育场转至育肥场后的数周，常因为停用抗菌药物，发病情况可变得特别明显。该病也可见于断奶仔猪、成年猪，较少发生于哺乳仔猪。该病流行的猪场，其临床症状常因停用药物，隔2～3周呈周期性出现。

病猪或者带菌猪是主要传染源，康复猪带菌可长达数月，经常从粪便中排出大量病菌，污染周围环境、饲料、饮水等。运输、拥挤、气温变化、卫生条件不良均可诱发本病。此外，与感染猪有密切接触的狗、野鼠、鸟类虽不发病，但从其粪便中可分离到猪痢疾短螺旋体，说明这些动物属于潜在宿主，且可能实现该病原在生猪之间的传播。

【症状】

潜伏期3天至2个月以上，自然感染多为1～2周。猪群初次发病时，通常为最急性型，随后转为急性型和慢性型。

（1）最急性型 表现为剧烈腹泻，排便失禁，迅速脱水、消瘦而死亡。

（2）急性型 往往先有个别猪突然死亡，随后出现病猪。病初精神稍差，食欲减少，粪便变软，表面附有黏液，随后转为腹泻（图3-13-1）。重病例在1～2天间粪便充满血液和黏液。在出现腹泻的同时，腹痛，体温稍高，维持数天，以后下降至常温，死前体温降至常温以下。随着病程的发展，病猪精神沉郁，体重减轻，渴欲增加，粪便恶臭带有血液、黏液和坏死上皮组织碎片（图3-13-2、图3-13-3）。

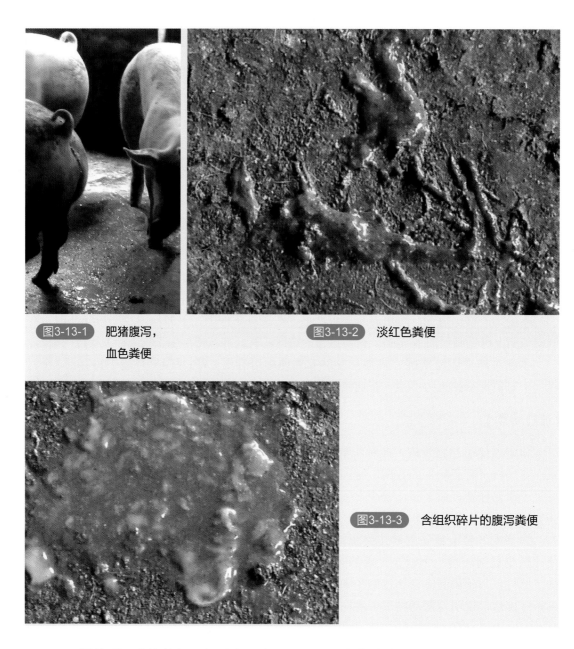

图3-13-1　肥猪腹泻，血色粪便

图3-13-2　淡红色粪便

图3-13-3　含组织碎片的腹泻粪便

（3）慢性型　病情较轻，主要表现为腹泻。腹泻内容物中黏液及坏死组织碎片较多，血液较少，病期较长。进行性消瘦，生长缓慢，不少病例能自然康复，但间隔一定时间，部分病例可能复发甚至出现猪只死亡。

【病理变化】

病理变化局限于肠道、回盲结合处。大肠黏膜肿胀，并覆盖着黏液和带血块的纤维素。大肠内容物软至稀薄，并混有黏液、血液和坏死组织碎片（图3-13-1 ～图3-13-3），有些含有红色胶冻样物质（图3-13-4）。病程进一步发展时，黏膜表面坏死，形成伪膜。

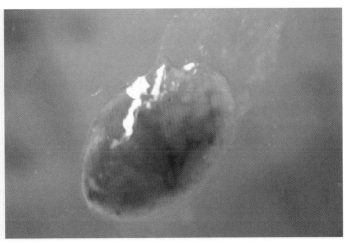

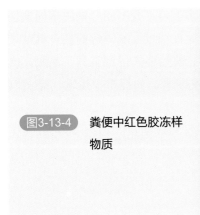

图3-13-4 粪便中红色胶冻样
物质

【诊断】

本病临床症状与猪增生性肠炎、猪副伤寒有一定的相似。若怀疑为本病，可取急性发病猪的粪便和肠黏膜涂片镜检，用暗视野显微镜观察，每个视野见有3～5条短螺旋体（图3-13-5）。

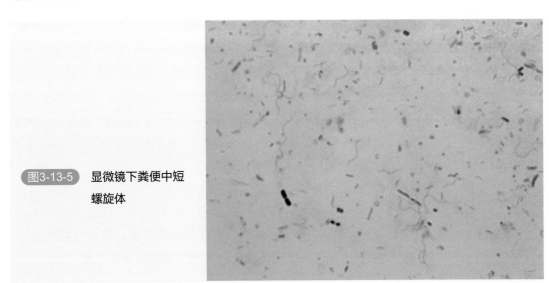

图3-13-5 显微镜下粪便中短
螺旋体

【预防】

本病尚无疫苗，因此控制本病应加强饲养管理，严禁从疫区引种，猪场实行全进全出管理，加强消毒，保持猪舍干燥卫生。

【治疗】

（1）治疗应与管理结合，以便降低康复猪再次感染或将病原再次传播给其他生猪的机会。管理方面主要可开展的工作有：全进全出，批次间严格消毒栏舍；同一批生猪周期性用药治疗，取得一定疗效后，应将被治疗的猪群转移至另一栋经过彻底消毒的栏舍继续饲养并坚持用药治疗3～4天，再彻底带猪消毒后方可停药；被污染的生产工具、衣服、鞋子应彻底消毒方可继续使用；尽量减少生产过程中的诱发因素，如拥挤、运输、恶劣气候、饲料突变带来的应激。

（2）在饲料中添加林可霉素（44～77克/吨饲料），或泰妙菌素（40～100克/吨饲料），或替米考星（200～400克/吨饲料），拌料混饲14天以上。

第十四节　化脓隐秘杆菌感染

生猪体表颈部注射部位、耳朵及全身皮下常可出现脓包。此类脓包很多是由于生猪皮肤伤口被化脓隐秘杆菌感染所致。

【病原】

化脓隐秘杆菌（*Arcanobacterium pyogenes*）为隐秘杆菌属（Arcanobacterium）细菌。该菌为隐秘杆菌属中毒力最强的病原体，对牛、羊和猪等家畜是一种条件性致病菌，大部分寄居在健康动物的乳房、泌尿生殖道、呼吸道和胃肠道黏膜。该菌最早从牛的脓汁中分离到，常引起牛、羊、猪的化脓性感染，表现为肺炎、关节炎、心内膜炎、乳腺炎、皮下脓肿等。化脓隐秘杆菌是一种兼性厌氧菌，生长繁殖需要营养较为丰富的培养基，在鲜血营养琼脂或巧克力营养琼脂培养基上能够生长，通常培养36小时以上才可见到明显的菌落。

【流行病学】

主要感染保育猪和生长育肥猪，以断奶转群后的保育猪最为多见。猪场料槽位不够、猪采食时发生争抢打斗、猪场卫生条件差、疫苗接种消毒不严的猪群常可见到。

【症状和病理变化】

主要表现为颈部皮下、耳朵或背部皮下出现脓泡（图3-14-1～图3-14-3）。脓泡破裂后可流出较多的黄白色脓汁。

另外，在感染发病猪的肝脏和脾脏可见到明显的白色化脓灶和脓肿（图3-14-4、图3-14-5），不过，这仅见于与猪链球菌、副猪嗜血杆菌或蓝耳病毒的混合感染病例，并且是在疾病的晚期。

图3-14-1　生猪颈部脓包

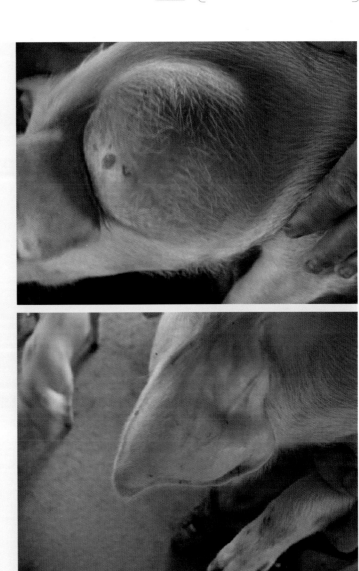

图3-14-2　生猪耳朵形成脓包

图3-14-3　生猪背部皮下脓包

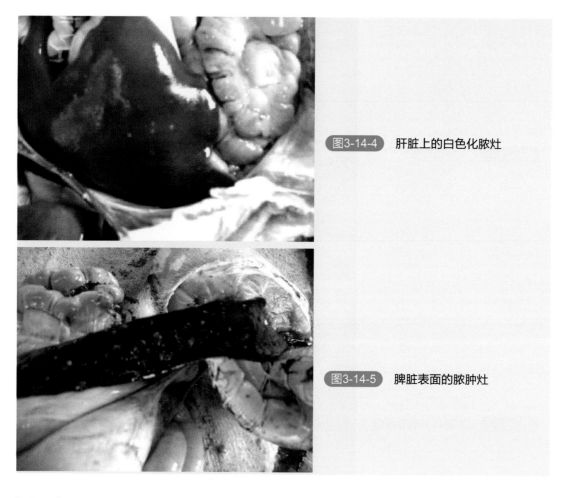

图3-14-4　肝脏上的白色化脓灶

图3-14-5　脾脏表面的脓肿灶

【诊断】

根据流行病学、临床症状和病理变化特点可初步判定，确诊需实验室诊断。抽取脓汁，进行细菌分离培养鉴定（图3-14-6），鉴定可以用PCR检测及测序的方法。

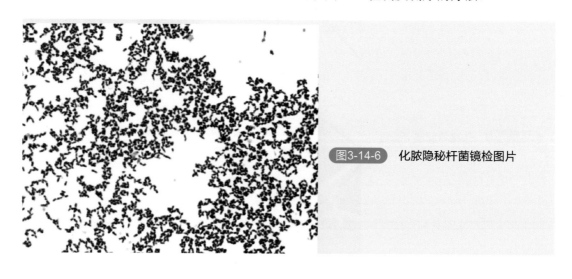

图3-14-6　化脓隐秘杆菌镜检图片

【预防】

（1）加强饲养管理、搞好猪场栏舍卫生，减少环境中细菌的滋生。

（2）做好注射器的使用管理，随时对注射器进行蒸煮消毒，并及时更换注射针头。

（3）做好转群工作，在转群后加强调教，并于栏舍设置各种玩具（红砖、铁管等）减少猪群的打斗。

（4）做好各栏舍料槽与生猪饲养数量的协调工作，防止猪多料槽位过少的情况。如果无法避免则建议在刚开始饲喂时撒部分饲料至实心地面，以保证生猪均可及时采食饲料，或采用自由采食的模式饲喂生猪。

【治疗】

（1）在未成熟脓包表面（触摸手感硬、热，不易破溃）涂布鱼石脂软膏，每天1次，直至脓包变软成熟。

（2）用手术刀在成熟脓包下方开一小切口（避开较粗的血管），排尽脓汁，并于伤口撒上青霉素粉末，并按20～30毫克/千克体重肌内注射氟苯尼考，每日1次，连用3天。

第四章 猪常见寄生虫病

第一节 猪弓形体病

弓形虫病是由刚地弓形虫（*Toxoplasma gondii*）引起的原虫病。在人、畜及野生动物中广泛传播，且感染率很高。人或动物通过摄入被虫卵污染的食物或饮水而被感染。猫是唯一一种从粪便排出弓形虫卵囊的动物，在弓形虫传播给猪和其他动物种起重要作用。猪感染弓形虫后主要表现为不食、体温41℃以上、稽留热、便秘，随着病程延长，在耳尖、吻突、股内侧、下腹等处出现紫红斑或小点出血，怀孕母猪可发生流产或死胎。

【病原】

弓形虫为真球虫目、弓形虫科、弓形虫属。猫（及其他猫科动物）是弓形虫的终末宿主。弓形虫的生活史分为5个期：速殖子、包囊、裂殖体、配子体、卵囊。前两期为无性生殖期，可出现在中间宿主（猪、老鼠等）或者终末宿主体内；后三期为有性生殖期，只能出现在终末宿主体内（猫）。

速殖子主要出现于急性病例中。在生猪体内可被发现的速殖子（滋养体）呈弓形、月牙形或者香蕉形，一端尖，一端钝。经姬姆萨染液染色后，胞浆呈淡蓝色，有颗粒，核深蓝色。包囊又称为组织囊，见于慢性病例的多种组织中，呈圆形，有较厚的囊膜，可在感染动物体内长期存在。包囊形成是机体免疫力作用于虫体的结果，当机体免疫力强，大部分虫体会被消灭，少部分虫体会分泌一些物质，形成包囊。

【流行特点】

弓形虫感染呈全世界范围流行，其主要的流行特点有感染宿主多、传播途径广、无明显季节差异性等。

弓形虫能感染上百种动物，其中包括所有的家畜和家禽，猫和猫科动物是弓形虫的终末宿主和重要的传染源。猪是弓形虫非常易感的中间宿主，10～50千克的感染仔猪和育肥猪发病率和死亡率都非常高，而母猪多表现为隐性感染。

据报道弓形虫感染猫后可持续排卵3～15天，每天可排虫卵10^5～10^7个，卵囊可在粪便中保持感染力达数月之久；发病猪肉的包囊或者滋养体也都是本病的传染源。

弓形虫主要通过消化道、呼吸道和损伤皮肤等途径侵入猪体。另外，怀孕母猪妊娠阶段感染弓形虫后可发生虫血症，胎儿可经垂直传播方式被动感染。本病的流行没有严格的季节性，一年四季均可发生，但夏季发病略多一点。

【症状】

大多数猪对弓形虫都有一定的耐受力，故感染弓形虫后呈亚临床症状较多，虫体在组织内形成包囊后转为隐性感染。包囊是弓形虫在中间宿主体内的最终形式，可存在数月乃至终生。故有些猪场弓形虫感染的阳性率虽然很高，但急性发病却很少。

急性猪弓形虫病主要引起怀孕母猪发生流产或者死胎。其他猪群以高热、出血、呼吸困难等症状为主。发病猪病初体温可达42℃以上，呈稽留热。便秘（图4-1-1）或腹泻，粪便有时带有黏液和血液。呼吸急促，咳嗽，可因呼吸困难、口鼻留白沫窒息死亡（图4-1-2）。视网膜、脉络膜发炎甚至失明。皮肤有紫斑，体表淋巴结肿胀。耐过急性期后，病猪体温恢复正常，食欲逐渐恢复，但生长缓慢，成为僵猪，并且有可能长期带虫。

图4-1-1　母猪便秘　　　　图4-1-2　窒息死亡的母猪

【病理变化】

剖解可见全身淋巴结肿大、出血，尤其以肠系膜淋巴结和腹股沟淋巴结较为明显；剖检可见肝脏有针尖大小至绿豆大的米黄色坏死点（图4-1-3）；肺脏间质水肿（图4-1-4），并伴有出血点；脾脏有粟粒状出血。

【诊断】

（1）直接镜检　取肺脏、肝脏、淋巴结做涂片检查。涂片自然干燥后，甲醇固定，姬姆萨染色后在油镜下观察。宿主体内的速殖子呈弓形、月牙形或者香蕉形，一端尖，一端钝。

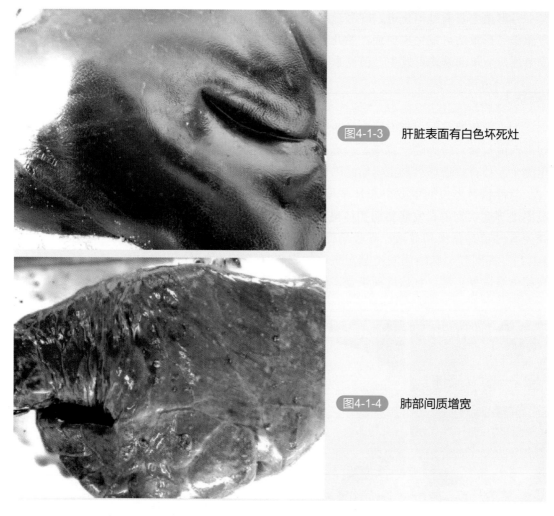

图4-1-3　肝脏表面有白色坏死灶

图4-1-4　肺部间质增宽

（2）PCR方法　提取待检动物组织DNA，使用特异性引物进行PCR扩增，如果能扩增出特异性片段，则检测样本为阳性，否则为阴性。

（3）血清学检测　国内外已研究出许多种血清学诊断法供流行病学调查。但由于弓形虫存在隐性感染情况。因此，血清型检测并不适合临床诊断。

【预防】

（1）猪场禁止养猫，饲养员不得与猫接触；加强灭鼠、灭蝇工作，防止野猫进入；加强对粪便的处理，防止甲虫、苍蝇等昆虫的机械性传播。

（2）加强对饲料、饮水的管理，严防饲料和饮水被弓形虫污染。

（3）对种猪群进行血清学监测，阴性场要做好引种前和合群前血清学监测。

【治疗】

磺胺类药物（磺胺甲氧吡嗪、磺胺二甲基嘧啶）对本病有很好的效果。但治疗应在发病初期使用，如用药较晚，虽然能使猪发病猪不表现临床症状，但不能杀灭已经在组织内形成的包囊，感染的猪只成为带虫猪。使用磺胺类药物治疗该病时，不仅要做到用药早、药量够、疗程足，还要考虑其副反应，一定要加强猪群的饮水。

发生该病的猪场建议治疗方案：① 及时隔离发病生猪，并按50毫克/体重肌内注射磺胺间甲氧嘧啶钠注射液，每日2次，连用3～5天；② 发病猪同群生猪按20～30毫克/千克（以磺胺氯达嗪钠计）体重拌料饲喂复方磺胺氯达嗪钠，每天2次，连用7～10天。同时饲喂碳酸氢钠，每头生猪每次2～5克，1天1次。

第二节 猪蛔虫病

猪蛔虫病是由猪蛔虫引起的一种肠道线虫病，主要感染3～5月龄的育肥猪，分布广泛，感染普遍，对养猪业可造成严重的经济损失。它可引起生长猪发育不良，生长发育速度下降30%。严重时生长发育停滞，形成僵猪，甚至死亡。

【病原】

猪蛔虫寄生在猪的小肠中，是一种大型线虫。新鲜虫体为淡红色或者淡黄色。虫体呈中间稍粗、两端较细的圆柱形。雄虫比雌虫小，体长15～25厘米，宽约0.3厘米，雌虫长20～40厘米，宽约0.5厘米，虫体较直，尾端稍钝。受精卵为短椭圆形，大小为（50～75）微米×（40～80）微米；未受精的虫卵较为狭长，内有大量的卵黄颗粒和空泡，平均大小90微米×40微米。蛔虫卵在外界环境生存能力强，在土壤中生存时间可长达数年。但虫卵的发育需要适宜的温度和湿度，以28～30℃时虫卵的发育最快。干燥情况下虫卵只能生存3～5小时。通常情况下，虫卵随粪便排出体外，在适宜的环境条件下，发育成为感染性虫卵，被生猪吞食后，幼虫在小肠内释放，2小时内，幼虫即可通过肠壁进入血液，随血液到达肝脏。感染后4～5天，幼虫在肝脏内通过第2次蜕变，发育成第3期幼虫，随后进入肺脏。感染后12～14天，在肺泡内蜕变成第4期幼虫，然后经气管到达咽部进入小肠，在小肠内发育成成虫。可见猪蛔虫的发育不需要中间宿主。从生猪吞食感染性虫卵到小肠内发育为成虫大约需2～2.5个月，因此仔猪感染发病，一般至少要在2月龄以后才可于小肠内发现蛔虫成虫。不合理饲养（如环境恶劣、管理不善、饲养密度过高等）易引起生猪感染发病。

【流行特点】

该病呈世界性流行，猪蛔虫的流行有如下3个特点：

（1）不需要中间宿主 蛔虫可以在猪体内完成一个完整的生命史，感染性虫卵在体外发育后，被猪摄入体内可发育成幼虫。幼虫可在肝脏和肺脏中移行发育，成虫可在小肠内寄生产卵，通过粪便排卵完成一个完整的生命史。

（2）产卵率高且虫卵抗耐能力强　成熟雌虫一生可产卵2500万个以上，旺盛时期一天可产卵超过100万个；虫卵包有四层卵膜，卵膜不仅可耐紫外线、高温和低温，还对多种物质具有很强的黏附作用，但不耐干燥。

（3）猪群感染率高　无论是集约化养殖场还是散养猪场均可发生。据报道，我国不同地区的传统养猪方式的猪群感染率为17%～80%，由于其移行发育时间约为2.5个月，移行发育过程中会对肝脏、胆管、肺脏等造成损伤，所以通常3月龄左右成年猪会表现出较为严重的临床症状。

【症状】

幼虫和成虫阶段引起的症状和病理变化各不相同，同时还与猪只日龄大小、感染强度等有关。通常仔猪感染发病后症状较明显，成年猪症状不明显。

感染猪临床症状主要表现为精神沉郁、食欲减退、异嗜、营养不良、贫血和黄染；感染严重的还有体温升高、咳嗽、呼吸加快、呕吐和腹泻（图4-2-1）等症状；发病猪卧地不起，不愿走动；当蛔虫大量寄生小肠后，影响猪的发育和饲料转化，甚至形成僵猪。

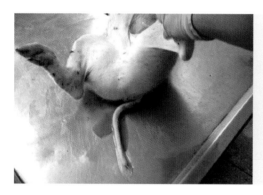

图4-2-1　小猪顽固性腹泻

【病理变化】

病理变化主要与幼虫、成虫发育过程移行的部分有关。幼虫移行至肝脏时，引起肝组织出血、变性、坏死，肝脏表面形成云雾状的蛔虫斑，直径约1厘米（图4-2-2、图4-2-3）。

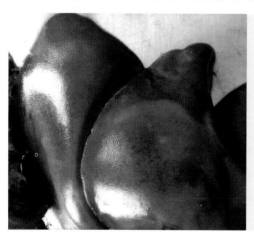

图4-2-2　肝脏云雾状白斑

当幼虫移行至肺时，造成肺脏的小出血点和水肿，严重时可继发感染引起肺炎、肺水肿和出血（图4-2-4）。

当幼虫到小肠后发育为成虫，蛔虫数目多时（图4-2-5），可造成肠道堵塞，或损伤肠壁；或者在一些应激下，蛔虫可异位游走进入胆管，造成胆管阻塞。

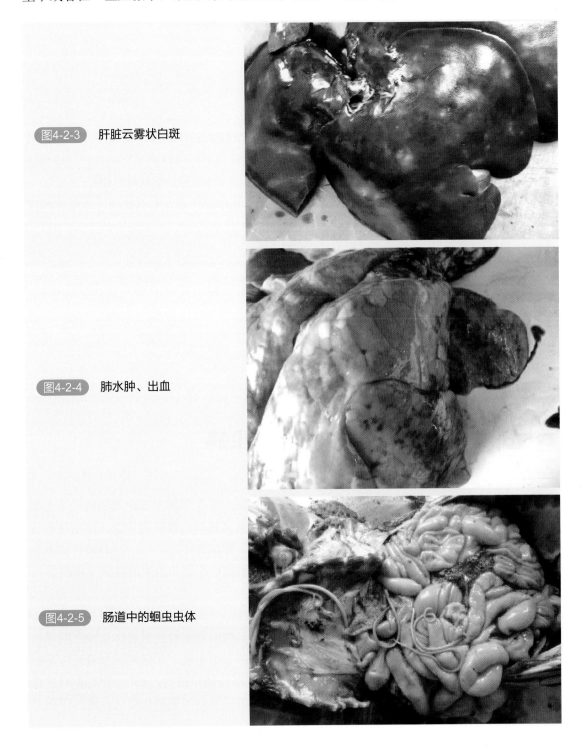

图4-2-3　肝脏云雾状白斑

图4-2-4　肺水肿、出血

图4-2-5　肠道中的蛔虫虫体

【诊断】

尽管蛔虫感染会出现上述一些病症，但确诊需要实验室检查。对两个月以上的仔猪可以采用漂浮法检查虫卵，根据蛔虫卵的形态特征进行判定。猪感染蛔虫较为普遍，感染数量少不足以致病，只有当1克粪便中虫卵数达1000个以上时，方可诊断为蛔虫病。此外，解剖小猪在小肠部位发现大量虫体也可确诊为蛔虫感染（图4-2-5）。

【预防】

（1）搞好环境卫生，保证栏舍卫生、干燥，保持饲料和饮水干净，定期给猪舍及外围环境消毒，对猪场粪便实行无害化处理。

（2）制定完善的驱虫方案，每年对种猪群驱虫2次以上（每年春、秋两季各一次，或根据临床情况增加），驱虫后必须加强环境卫生，加强消毒。保育仔猪和生长育肥猪也要进行计划性驱虫（至少驱虫1次，蛔虫感染明显的猪场3～6月龄的仔猪每两月驱虫一次）。

（3）采用分点饲养的生产管理模式，且于转群之前对猪群进行驱虫处理可以很大程度上降低该病的传播。

【治疗】

按6～8毫克/千克体重肌注或内服左旋咪唑，一次即可。对于30千克以下的仔猪，建议用棉签蘸取浓度为20%的左旋咪唑溶液涂抹于仔猪耳背及耳根，涂抹量不超过1毫升，也能取到非常不错的效果。或者按0.1毫克/千克体重口服伊维菌素，一天一次，连续7天。或按0.3毫克/千克体重一次性肌内注射伊维菌素。

第三节　猪球虫病

本病是球虫寄生于肠道上皮细胞内引起的寄生虫病。艾美耳属及等孢属的球虫常为本病病原，其中以猪等孢球虫、蒂氏艾美耳球虫、粗糙艾美耳球虫致病力较强，由猪等孢球虫引起的初生仔猪球虫病是生猪最为重要的原虫病。主要危害仔猪，7～21日龄仔猪发病较为多见，表现为腹泻、粪便呈水样或糊状、显黄色至白色、偶尔由于潜血而呈棕色。

【病原】

猪球虫病的病原体为等孢属及艾美耳属的球虫，其生活史主要经过裂体生殖、配子生殖和孢子生殖三个阶段。其中孢子生殖是粪便中排出的未孢子化、非感染性卵囊发育为感染性卵囊的过程。该孢子化过程需要在合适的温、湿度环境中进行，20～37℃有利于球虫卵孢子化，经孢子化、含有子孢子的卵囊被猪摄入消化道后，受消化酶的作用，子孢子由卵囊内逸出，并侵入宿主的肠黏膜上皮细胞内变为滋养体，进而发育为体积较大的裂殖体。通过无性繁殖的裂体生殖，生成许多香蕉状的裂殖子，于是在寄生的肠黏膜上可见到不同发育阶段的球虫。滋养体经反复多次裂体生殖后即不再发育为裂殖体，而分化为雄性和雌性两种配子体。雄配子体体积小，细胞浆少，称为小配子体；雌配子体体积大，细胞质丰富，称为大配子体。大小配子结合产生合子，合子周围形成两层被膜，即可发育为卵囊。卵囊离开宿主细胞进入肠道，并随粪便排出体外。猪球虫的卵囊随种类不同而有圆形、椭圆形、卵圆形等不同的形状。未孢子化的卵囊很容易被杀灭，而孢子化后则对多数消毒剂具有抵抗能力。

【流行特点】

该病原可感染不同阶段的猪群，但只有仔猪感染后发病，成年猪多表现为隐性感染。另外，该病多发于小型养殖场和散养户，规模化猪场相对少发，定期对猪群进行驱虫可大大降低感染发生率。

发病猪和隐性感染的带虫猪是本病的主要传染源，虫卵随粪便排出体外后，污染饲料、饮水和母猪乳头等，仔猪误食后经消化道感染。猪的球虫生活史非常短，卵囊仅需5～7天便可发育成成虫并产生新的卵囊，经粪便排出的卵囊，可在适宜环境下1～3天内发育成感染性卵囊。其传播途径多为经口传播。

【症状】

猪球虫主要危害仔猪，5～10日龄的仔猪最为易感。仔猪感染球虫后，被毛粗乱，食欲下降，走路摇晃，水样或脂样腹泻为特征，排泄物从淡黄色到白色（图4-3-1、图4-3-2），恶臭；病猪表现为衰弱、脱水、发育迟缓，严重的可导致死亡。

图4-3-1　小猪腹泻

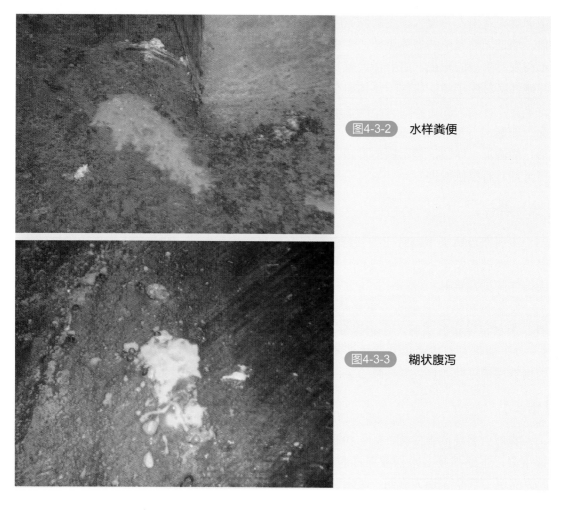

图4-3-2　水样粪便

图4-3-3　糊状腹泻

保育仔猪感染球虫食欲下降，出现糊状腹泻（图4-3-3），部分腹泻粪便含有大量气泡（图4-3-4、图4-3-5），一般能耐过，逐渐恢复。

图4-3-4　粪便中含有气泡

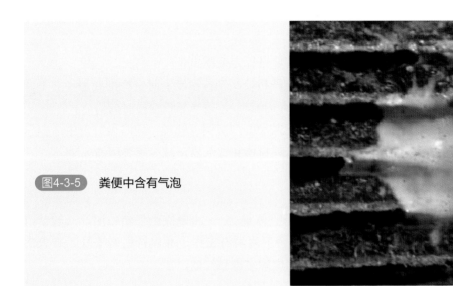

图4-3-5 粪便中含有气泡

【病理变化】

病灶局限在空肠和回肠，以绒毛萎缩变钝、局灶性溃疡、纤维素性坏死性肠炎为特征。并在上皮细胞内见有发育阶段的虫体。

【诊断】

根据临床症状和流行病学特征可作出初步诊断，但确诊需要进行实验室检查。一般用漂浮法检查随粪便排出的卵囊，根据它们的形态、大小和经过培养后的孢子化特征进行判定（图4-3-6）。急性感染或者死亡猪可根据小肠涂片发育阶段的球虫虫体即可确诊。

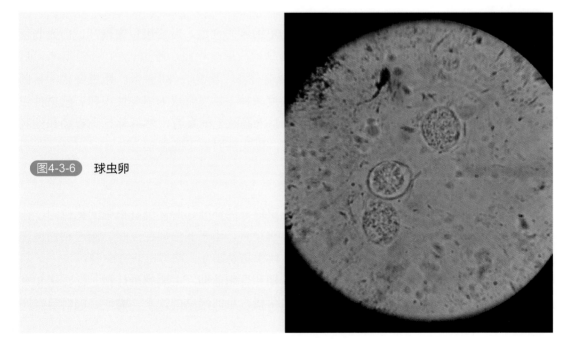

图4-3-6 球虫卵

【预防】

（1）对于猪球虫阳性养殖场，应对不同猪群进行定期驱虫。

（2）采取"全进全出"的生产管理模式，严格控制饲养密度；对空栏彻底消毒并干燥（可采用喷灯火焰灼烧，也可用甲醛、酚类消毒剂消毒），适当延长空栏时间。

（3）本病最主要的危害对象是仔猪，因此需加强产房饲养管理，随时做好卫生清扫和消毒工作，保持产房环境清洁、干燥，定期清理料槽和饮水器，减少感染因素。

【治疗】

发现球虫病后，可使用托曲珠利，按每千克体重15～20毫克给仔猪口服，一般使用1次即可。但治疗前后2～3天每天应做好栏舍卫生消毒工作，并保持栏舍干燥。若患病仔猪严重脱水则应当配合补液，饮水中可添加电解多维和红糖。

第四节　猪鞭虫病

猪鞭虫病是由毛尾科（Trichuridae）、毛尾属（Trichuris）的猪毛尾线虫（Trichuris suis）寄生在猪的大肠（主要是盲肠）引起的一种寄生虫病，主要影响生长育肥猪，表现为腹泻、贫血等症状。

【病原】

猪毛尾线虫的虫体前端细长像鞭梢，内为单细胞的食道，后端粗短像鞭杆，内为肠管及生殖器官，故又称为鞭虫。雄虫长20～52毫米，后端卷曲，雌虫长39～53毫米，后端钝直。虫卵呈棕黄色，腰鼓形，卵壳厚，两端有塞，长50～80微米。雌虫在猪的盲肠产卵，虫卵随粪便排到体外，在适宜的温、湿度条件下，发育成为感染性虫卵。感染性虫卵被生猪吞食后，第1期幼虫在小肠内释放，钻入肠绒毛间发育，然后移行到盲肠和结肠内、肠黏膜上，发育为成虫，成虫寄生在肠腔，以头部固着于肠黏膜上发育。

【流行特点】

猪鞭虫是一种土源性蠕虫，其虫卵外有一层厚厚的卵壳，对环境有很强的抵抗力，在土壤中可存活数年之久。该病原一年四季均可感染猪，由于其虫卵在温暖、潮湿和通风不良的环境下更易发育成感染性虫卵，因此夏、秋季相对高发，南方比北方高发。

病猪是重要的传染源。该病高发于保育后期和育肥前期，主要感染仔猪、保育猪和育肥猪，较少感染母猪。其传播途径主要是经口传播，虫卵污染的饮水、粪便、饲料等媒介均可导致猪感染该病原。

【症状】

　　轻度感染主要表现为轻度贫血、生长发育不良等不易察觉的症状，不表现出其他明显症状；严重感染时，虫体布满盲肠黏膜，引起仔猪消瘦和贫血（图4-4-1、图4-4-2）；虫体吸血而损伤肠黏膜，可见粪便带血和脱落的黏膜，出现顽固性下痢。猪感染猪鞭虫后抵抗力下降，容易导致继发感染（图4-4-3）。

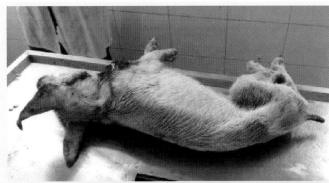

图4-4-1　病猪消瘦贫血

图4-4-2　病猪消瘦贫血

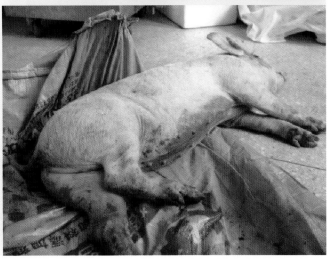

图4-4-3　猪感染鞭虫后继发感染
　　　　　（带虫情况见图4-4-6）

【病理变化】

　　鞭虫的成虫主要损害盲肠，其次为结肠，如无继发感染，其他脏器外观病变不明显（图4-4-4）。虫体头端前部穿入宿主肠黏膜表面，少数钻入到黏膜下层甚至肌层。鞭虫口矛前端为吸取食物不停地钻入肠黏膜，使得肠黏膜损伤，引起盲肠、结肠卡他性炎症。眼观可见肠黏膜充血、肿胀，大量鞭虫寄生在肠黏膜上（图4-4-5～图4-4-7）。严重时引起肠黏膜出血性炎症、水肿、坏死。

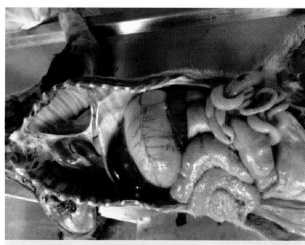

图4-4-4　各脏器外观病变不明显

图4-4-5　结肠部位的鞭虫

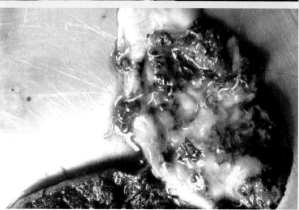

图4-4-6　盲肠部位的鞭虫

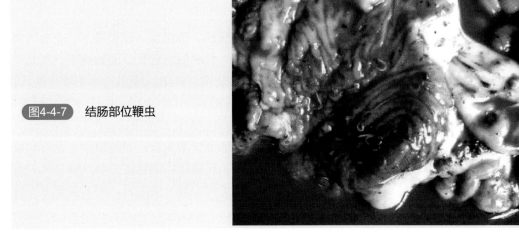

图4-4-7　结肠部位鞭虫

【诊断】

可用粪便漂浮法检测虫卵，根据虫卵的形态特征进行判断，虫卵呈腰鼓形或橄榄状，棕黄色，两端有卵塞。生猪剖解后在盲肠上发现病变和虫体即可确诊。

【预防】

（1）制定完善的驱虫方案，每年对种猪群驱虫2次以上（根据临床情况），驱虫后必须加强环境卫生，加强消毒。

（2）勤扫粪便并进行无害化处理，平时保持环境卫生，定期给猪舍消毒，并使用新石灰对猪舍周围的土壤表层进行消毒。

（3）保障猪舍的通风，降低猪舍湿度，加强灭鼠工作，防止机械性传播。

（4）采取"全进全出"的生产模式，严格控制饲养密度；对空栏彻底消毒并干燥，适当延长空栏时间。

【治疗】

甲噻嘧啶驱除鞭虫的效果较好，可按照每千克体重15毫克一次口服。也可参照驱蛔虫用药，但效果稍差。

第五节　猪疥螨病

猪疥螨病，病原为猪疥螨，是一种接触传染的慢性寄生虫性皮肤病。本病一般不会导致动物个体或者群体死亡，主要是使猪生长缓慢、饲料转化率低，导致饲养成本增加并严重影响生猪生产性能以及猪肉品质。

【病原】

猪疥螨为一种寄生虫，归属于节肢动物蜘蛛纲、螨目、疥螨属。体型微小，在放大镜或低倍显微镜下可发现该寄生虫，成虫、虫体呈圆形、背部似龟背状，腹面扁平。其发育过程经过卵、幼螨、若螨和成螨4个阶段。猪疥螨的幼虫、若虫、成虫均寄生在皮肤内，生活史都是在皮肤内完成。猪疥螨的生活史包括虫卵在皮肤中经过3～10天发育成幼虫，幼虫在表皮层经3～4天发育成若虫，若虫经3～5天蜕皮发育成成虫。

疥螨在宿主表皮挖掘隧道，以角质层组织和渗出的淋巴液为食，在隧道进行发育和繁殖。同时分泌大量毒素刺激皮肤，导致皮肤剧烈瘙痒。雌螨还在隧道内产卵。卵经数天孵出幼螨，幼螨离开隧道爬到皮肤表面，再钻入皮肤内掘穴，进一步发育，经若螨发育为成螨后又可进行交配产卵。

【流行特点】

猪疥螨是一种接触性皮肤传染病，饲养管理不好的猪场多有疥螨感染，且可感染不同年龄段的猪群。但仔猪更易感，究其原因可能是仔猪体表皮肤的水分含量和温度更适宜猪疥螨的生长繁殖。

种公猪和母猪可常年带虫，是猪场发生猪疥螨的主要传染源。常通过生猪间的接触而传播，环境传播较猪只之间直接接触传播次要很多，另外，感染猪只由于感到皮肤瘙痒，喜欢在猪舍墙壁上或地上摩擦皮肤，这种行为有助于虫卵的传播。

离开宿主螨虫及其卵的存活时间较短，高温、干燥不利于螨虫的生存，阳光直射几分钟即可杀死螨虫，低温潮湿环境更有利于其存活，夏季由于光照充足，猪疥螨暴发率相应较低，冬春季节相对高发。

【症状】

疥螨病的最常见症状是瘙痒。猪疥螨感染通常起始于头部、眼下窝、面颊及耳部，以后蔓延至颈部耳根附近，背部、尾根、后肢内侧，常以面部、耳根及耳部内表面皮肤最为严重。表现局部奇痒，猪常在栏舍栏杆、栏柱、料槽或墙壁等处摩擦。严重者体格消瘦、皮肤脱毛（图4-5-1、图4-5-2）、破损、增厚、粗糙，出现褶皱、龟裂，甚至出血现象。

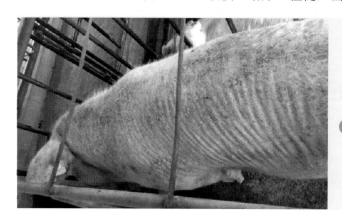

图4-5-1　疥螨感染猪消瘦脱毛严重

图4-5-2　皮肤疥螨明显，颈部两侧因摩擦而脱毛、皮肤发红

【病理变化】

猪疥螨感染会导致猪的皮肤因充血和渗出而形成小结节，随后因瘙痒摩擦造成继发感染而形成化脓性结节或脓包。脓包破裂后，其内容物干结形成痂皮。患病猪皮肤的汗腺、毛囊和毛细血管遭受破坏，并因有化脓性细菌感染而使患部积有脓液，皮肤角质层因受渗出物浸润增厚而失去弹性，形成褶皱。

【诊断】

刮取有临床症状的发病猪病变与正常组织交界处的新鲜痂皮直接检查，或放入培养皿中及黑纸上置于灯光下照射后检查。虫体较少时，可刮取皮屑放入试管中，加入10%氢氧化钠溶液浸泡2小时，或者煮沸数分钟后离心沉淀，取沉淀物镜检虫体。

【预防】

规模猪场定期按照计划对公猪和母猪进行驱虫（伊维菌素、杀螨菌素、多拉菌素等），根据感染程度，每年至少驱虫2次或者2次以上。加强环境卫生管理，保持猪舍卫生干净整洁。保育仔猪定期进行1次驱虫。

【治疗】

双甲脒、马拉硫磷等杀虫剂体表喷雾或者伊维菌素、多拉菌素皮下或者肌内注射均有效，如果病情较为严重，需要反复用药才能治愈，例如伊维菌素，虽然该药能引起猪疥螨虫体麻痹和死亡，但不能杀灭虫卵。待虫卵继续发育成幼虫和成虫时再次使用药物能取到更好的效果，一般选在第一次用药之后的7～9天为宜。

　　疥螨病严重的生猪可考虑采用如下方案进行治疗：① 隔离感染生猪，并对原栏舍进行清洗后用2%的敌百虫溶液喷洒，作用2～3天，再清洗后方可使用；② 明显发病猪，用0.025%～0.05%的双甲脒溶液涂擦皮肤感染区（防止进入眼睛），用药后7天再用药1次。另外也可选用伊维菌素来进行驱虫，按0.1毫克/千克体重口服，1天1次，连续7天；③ 驱虫期间应加强发病猪所在栏舍的卫生和清洗工作，以便提高驱虫的效果。

第五章 猪常见中毒病

第一节 霉菌毒素中毒

霉菌毒素（Mycotoxins）是霉菌的代谢产物，已知的有300多种，其中有几十种可对人和动物造成危害。霉菌广泛存在于谷物饲料中，从谷物的收获、运输以及加工调制等诸多环节，饲料原料和成品饲料遭到霉菌的污染很难避免。多数猪的霉菌毒素中毒问题与饲喂的谷物饲料（玉米、小麦、大麦、高粱等）有关。对猪存在高风险的霉菌毒素主要有6种，分别为黄曲霉菌（24～35℃适宜生长）产生的黄曲霉素B_1、赭曲霉菌（12～25℃适宜生长）产生的赭曲霉毒素A、粉红镰孢菌（7～21℃适宜生长）产生的脱氧萎镰菌醇、麦角菌产生的麦角碱、串珠镰刀菌产生的烟曲霉毒素B_1和粉红镰孢真菌（7～21℃适宜生长）产生的玉米烯酮。该6种霉菌除麦角菌外，均易在生猪饲料需大量使用的玉米中滋生。

【病因】

（1）养殖场对原材料的质控不严、成品饲料的储存和饲喂环节做得不够细致导致饲料中霉菌毒素超标或者生猪饲养环境中霉菌毒素增加。

（2）生猪对许多霉菌毒素的中毒剂量很低（通常以ppb和ppm浓度进行计算）。养殖场缺乏针对霉菌毒素有效、快速的检验方法。当饲料达到肉眼可轻易观察到霉变或者闻到霉变气味时，饲料中的霉菌毒素含量早已超出最高安全限定标准很多。

（3）霉菌毒素中毒很多是一个累积的过程，前期临床反应相对轻微，从而不易察觉。

以上三点是导致养殖场易出现霉菌毒素中毒的主要原因。

【症状】

霉菌毒素可导致猪的多个系统受损，伴随多种多样的临床症状，且不同种类的霉菌毒素可导致不同的临床反应。多数霉菌毒素中毒均可导致生长-育肥猪生长受阻和饲料利用率降低，免疫力低下。

黄曲霉毒素中毒的生猪可表现为生长速度慢、免疫抑制、被毛粗乱、皮肤毛孔出血（图5-1-1）、腹泻（图5-1-2），严重者可出现黄疸。

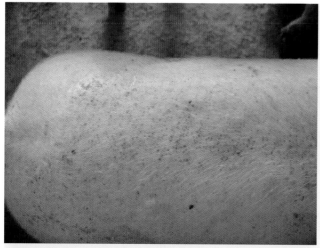

图5-1-1 皮肤毛孔出血
（主要由黄曲霉毒素引起）

图5-1-2 腹泻
（主要由黄曲霉毒素引起）

赭曲霉素A中毒表现生长速度慢、体表苍白（图5-1-3）、尿频、烦渴。

玉米赤霉烯酮中毒可表现出假发情（图5-1-4、图5-1-5）、外阴道炎、脱肛（图5-1-6），母猪不发情，早期胚胎死亡、流产，产后泌乳性能差（图5-1-7），摄入玉米赤霉烯酮母猪所产仔猪的外生殖器肥大、腿外展（图5-1-8）和震颤增加。

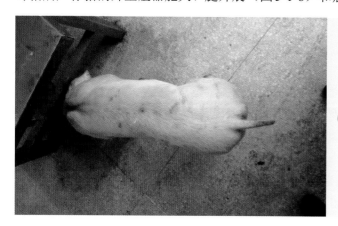

图5-1-3 皮肤苍白
（主要由赭曲霉素A引起）

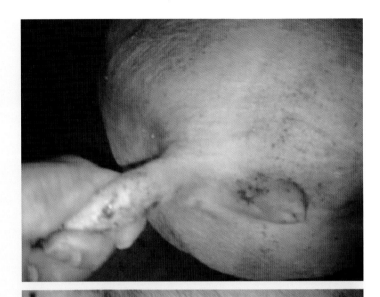

图5-1-4　母猪阴户红肿、假
　　　　　发情
（玉米赤霉烯酮引起）

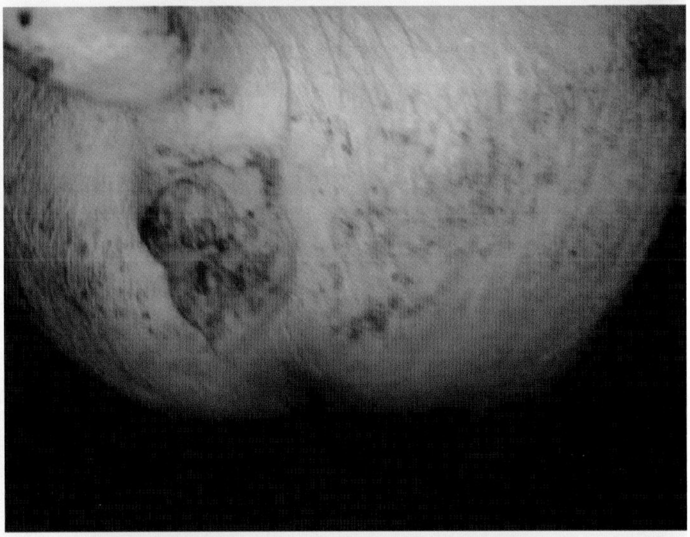

图5-1-5　母猪阴户红肿、假
　　　　　发情
（玉米赤霉烯酮引起）

图5-1-6　脱肛
（玉米赤霉烯酮引起）

图5-1-7　产后无乳

（主要由玉米赤霉烯酮或麦角碱引起）

图5-1-8　仔猪后肢八字形瘫痪

（主要由玉米赤霉烯酮引起）

麦角碱中毒可导致生猪耳朵、尾部坏疽，母猪无乳、新生仔猪饿死；烟曲霉可引起生猪呼吸困难、黄疸等表现。

【病理变化】

生猪黄曲霉素中毒的病理变化可由以下一种或多种组合方式存在：胃肠道的损害和出血（图5-1-9），肠道内粪便常因胃出血而变为黑色（图5-1-10）。中毒猪的口腔、食管和胃肠黏膜呈卡他性炎症，有水肿、出血和坏死，尤以十二指肠和空肠处受损最为明显；心肌变性和出血，心内膜出血；肝肿大、出血、白色坏死点（图5-1-11）或出现黄疸（图5-1-12）；脑实质充血、出血等。

图5-1-9 肠道充血、出血
（主要由黄曲霉毒素引起）

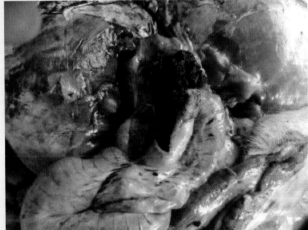

图5-1-10 粪便变为黑色
（主要由黄曲霉毒素引起）

图5-1-11 肝脏肿大、有白色坏死点
（主要由黄曲霉毒素引起）

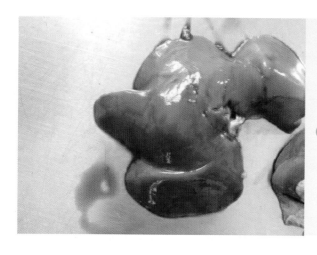

图5-1-12　新生仔猪肝脏黄染
（主要由黄曲霉毒素引起）

　　烟曲霉主要引起中毒猪出现肺水肿（图5-1-13）、胸腔积液（图5-1-14），也可引起肝脏的损伤，出现坏死；赭曲霉素主要导致肾脏损伤，肾脏苍白、肿胀，还可导致胃溃疡（图5-1-15）；玉米赤霉烯酮可引起外阴道炎、睾丸鞘膜角质化、睾丸萎缩、黄体维持。

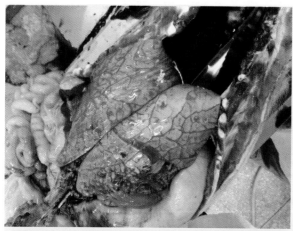

图5-1-13　肺水肿
（主要由烟曲霉引起）

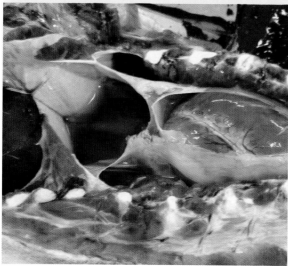

图5-1-14　胸腔积液
（主要由烟曲霉引起）

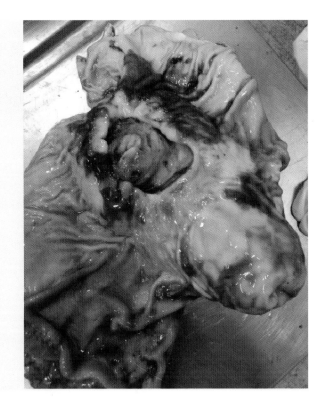

图5-1-15 **胃溃疡出血**
（主要由赭曲霉素引起）

霉菌毒素在体内蓄积可导致多系统受损，有的甚至直接产生免疫抑制（如脱氧萎镰菌醇）。疾病的发生是一个动态过程，怀疑是霉菌毒素中毒的死亡猪，剖检时所呈现的病理变化有些是继发感染所导致的。

【诊断】

根据猪只食用过可疑霉变饲料的病史，以及临床上有减食、呕吐且体温升高不明显等特征，结合病理变化可作出初步诊断。不同的霉菌毒素对动物造成的危害各异，各霉菌毒素之间具有相互协调作用。霉菌毒素进入动物机体后可长期蓄积，引发临床症状复杂难辨的慢性中毒，确诊霉菌毒素中毒病必须结合饲料使用情况以及实验室的霉菌毒素检测。

【预防】

（1）严格把关原材料，落实原材料的质控，防止原料中霉菌毒素超标。

（2）于饲料中添加霉菌毒素结合剂（质量可靠的脱霉剂）。

（3）做好饲料的保存与使用管理，在阴凉干燥处储存饲料。饲料使用应该注意先进先出原则，避免新饲料堆在旧饲料上，导致旧饲料保存时间过长，储存过程中出现霉菌毒素含量增加。

（4）建立成品饲料检查制度、入库验收制度、出库追溯制度、定期盘点检查制度等。可以考虑将每批次饲料原料或成品饲料抽取少量样本，冷冻保存，等到采食相应饲料的生猪出栏后，再分次丢弃处理。以便在生猪出现霉菌毒素中毒问题时，可以比较准确地查出是哪个批次的饲料或原料存在霉菌毒素超标的问题。

（5）做好生猪料槽管理，及时清理猪群未采食干净的饲料，如果采取自由采食，也应每天对料槽及料槽附近的饲料清理一次。杜绝饲料在栏舍中出现发霉变质的现象，以防生猪采食变质饲料，造成霉菌毒素中毒。

（6）保持猪舍及饲料仓库清洁干净、整洁，防止霉菌滋生。

【治疗】

本病无特效治疗方法，主要依靠清除饲料和环境中的霉菌毒素，辅助动物机体恢复正常机能来到达逐步康复的目的。发生生猪中毒的猪场可采取如下综合方案来进行治疗。

（1）改用新鲜高品质饲料或饲料原料。

（2）全面清理饲料储存地、猪舍料槽、自动化料线、料塔。

（3）于饲料中添加电解多维（根据具体商品说明确定添加量）、5%～8%的葡萄糖；用乳酸杆菌、枯草芽孢杆菌、屎肠球菌等益生菌调节胃肠道菌群结构，改善消化功能；提高饲料中蛋白质和赖氨酸的水平等。

第二节　利巴韦林中毒

利巴韦林又名病毒唑、三氮唑核苷等，它能够阻碍病毒核酸和蛋白质的合成，对多种RNA、DNA病毒有抑制作用，在临床上被人医广泛用于病毒性感冒、病毒性角膜炎、甲型肝炎等病毒性疾病的控制，被认为是一种副作用较少的广谱抗病毒核苷类化合物。但该药物在经济动物（猪、牛、养、鸡等）的养殖中属于禁用药物。但由于猪病毒性传染病发生的越来越频繁和复杂，部分小型养殖户偶有违禁使用利巴韦林控制猪的某些病毒性传染性疾病的现象，尤其是猪的流行性感冒。由于缺乏利巴韦林在猪群内如何使用的深入研究，加之超剂量使用，从而在生产实践中偶可见到利巴韦林中毒的案例发生。

【病因】

利巴韦林在猪体内代谢很慢，停药后4周尚不能完全自体内清除，因此利巴韦林中毒是一个缓慢积累的过程，连续使用5天以上很容易中毒。生猪口服利巴韦林更容易引起中毒。

【症状】

（1）商品猪　主要表现食欲不振，精神沉郁（图5-2-1），体温正常；部分病猪呕吐黄色液体（图5-2-2，视频5-2-1）；便秘或拉黄色稀便（图5-2-3）；尿液成茶褐色（图5-2-4）；皮肤出现黄疸，偏白（图5-2-5）；病情严重者站立困难（视频5-2-2），并出现死亡（图5-2-6）。

视频5-2-1

（扫码观看：肥猪利巴韦林
中毒，病猪呕吐黄色液体）

视频5-2-2

（扫码观看：肥猪利巴韦林
中毒，站立困难）

图5-2-1　中毒猪群精神沉郁

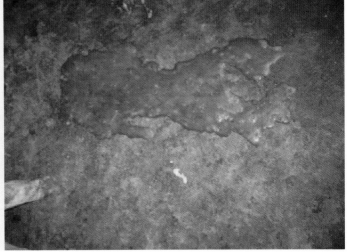

图5-2-2　中毒猪呕吐

图5-2-3 中毒生猪腹泻，同时栏舍内存在其他生猪排出的颗粒样粪便

图5-2-4 中毒猪排黄褐色尿液

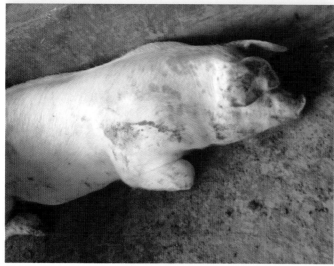

图5-2-5 中毒猪皮肤黄染、偏白

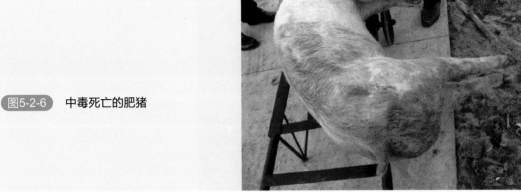

图5-2-6　中毒死亡的肥猪

（2）母猪　怀孕母猪可出现流产，其他症状与肥猪类似。

【病理变化】

育肥猪和母猪利巴韦林中毒剖检变化基本一致，主要病理表现为全身皮下脂肪黄染（图5-2-7、图5-2-8）；肝脏发黄、质地变硬（图5-2-9、图5-2-10）；脾脏肿大、边缘发黑；胆囊壁有出血点；膀胱壁弥散性出血；肾脏局部发蓝、发黑；部分猪肠道内粪便干硬，呈棕黄色；胃肠道黏膜有出血。

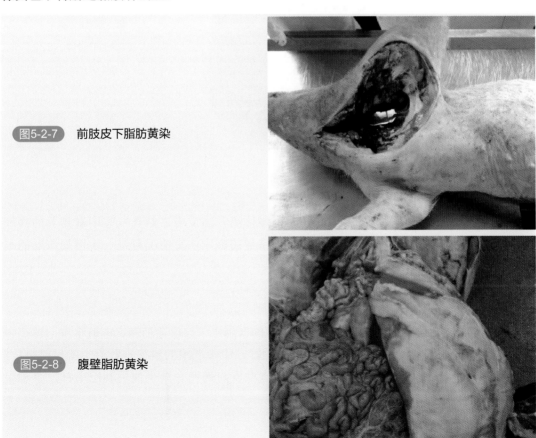

图5-2-7　前肢皮下脂肪黄染

图5-2-8　腹壁脂肪黄染

图5-2-9 肝脏肿大、切面黄染、质地变硬

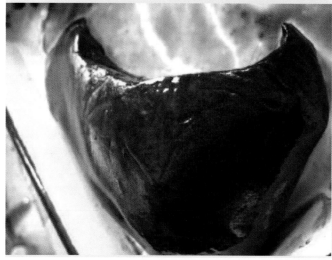

图5-2-10 肝脏肿大、表面黄染、质地变硬

【诊断】

根据临床用药历史，以及生猪群体无明显体温升高反应，结合一些中毒相关的病理变化特征可做出初步诊断。另外结合停药后猪群的临床恢复情况可进一步增加诊断的准确性。

【防治】

立即停药，给生猪供应清洁、干净、充足的饮用水；口服葡萄糖、电解多维；该药中毒后，无特效药物解救，只能适量采取对症治疗，中毒严重的猪很难救治；就目前来讲，养猪场应严禁使用利巴韦林，尤其是口服；农业农村部明令禁止使用利巴韦林、金刚烷胺、病毒灵等人用抗病毒药物治疗发病猪。

第三节 多种药物滥用引起的累积性中毒

药物滥用在一些小型养殖户比较多见，临床上常可见到3～4种抗生素甚至5种药物，不遵循配伍禁忌随意搭配使用，以及超量使用的情况，引起对生猪脏器造成累积性的伤害，最终导致生猪中毒死亡或不治而亡的结局。

【病因】

药物过度超量、长时间使用，药物错误搭配长期使用。

【症状】

生猪中毒的症状因使用药物种类不一，可能存在差异。2011年3月初，某散养户在养殖过程中一直超剂量添加各类兽药作为猪场保健防控措施，在猪群发生药物中毒前长时间使用了含氟苯尼考、多西环素、阿莫西林等成分的多种兽药，导致猪群出现疑似累积性中毒症状。主要表现为体温正常、精神萎靡（图5-3-1）、食欲降低、频繁饮水，严重者出现站立困难（视频5-3-1）、尿液和粪便偏黄褐色。600头生猪，每天死亡10头左右，死亡生猪四肢呈劈叉状（图5-3-2、图5-3-3）。后停药并全群口服葡萄糖、电解多维，供应充足、新鲜的饮水，猪群逐渐好转。

视频5-3-1

（扫码观看：疑似肥猪多种药物累积性中毒，站立困难）

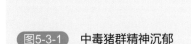

图5-3-1 中毒猪群精神沉郁

图5-3-2 中毒生猪死亡

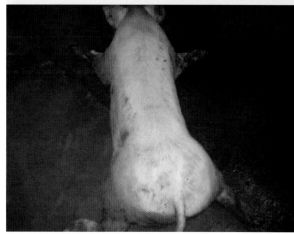

图5-3-3 死亡生猪四肢呈劈叉状

【病理变化】

　　主要病变表现为皮下脂肪及全身脂肪、肝脏黄染（图5-3-4～图5-3-6），肾脏肿大、变性（图5-3-7），胃浅表性炎症（图5-3-8），膀胱内尿液呈茶褐色（图5-3-9）。

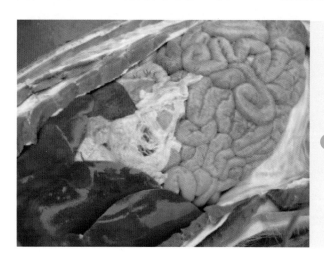

图5-3-4 中毒猪腹腔脂肪组织黄染

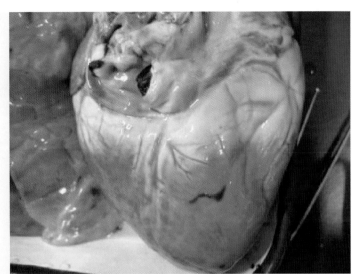

图5-3-5 中毒猪心冠脂肪黄染

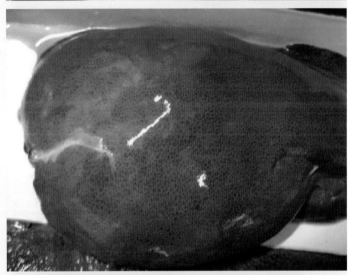

图5-3-6 中毒猪肝脏黄染

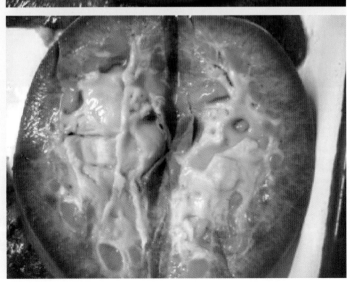

图5-3-7 中毒猪间质性肾炎

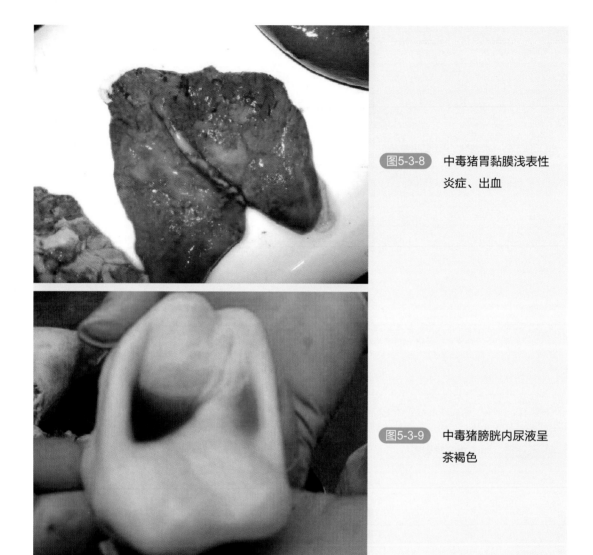

图5-3-8 中毒猪胃黏膜浅表性
炎症、出血

图5-3-9 中毒猪膀胱内尿液呈
茶褐色

【诊断】

根据临床用药历史，以及生猪群体无明显体温升高反应，结合一些中毒相关的病理变化特征可做出初步诊断。另外结合停药后猪群的临床恢复情况可进一步增加诊断的准确性。

【预防】

（1）按配伍禁忌科学合理使用药物，不超量使用药物。

（2）做好猪群的饲养管理工作，提高猪群非特异性免疫力。

（3）做好重要疾病的疫苗免疫工作，防止免疫抑制性及其他重大传染病的发生，减少用药需求。

【治疗】

（1）针对药物累积性中毒一般无特效治疗方法，可用对症和辅助性治疗方法。

（2）立即停药。

（3）口服葡萄糖、电解多维，有条件的适当饲喂青绿饲料。

（4）保证充足新鲜的饮水供应。

第六章　猪的常见普通病

第一节　猪疝气

猪疝气主要指生猪肠道经腹壁天然孔或意外发生的穿孔部分漏于皮下而形成的疾病。临床上常见的主要有脐疝和腹股沟阴囊疝，由肠道从脐孔或腹股沟管漏入皮下或阴囊所致，常可见到相应部位出现突起，内含柔软的肠管。

【病因】

（1）脐疝　通常是小猪容易发生，主要是由于脐孔没有彻底闭锁或完全没有闭锁，在挤压、捕捉、剧烈运动等诱因下导致腹腔内压升高，腹腔肠道从腹腔漏入到皮下所致。

（2）腹股沟阴囊疝　小猪容易发生，多数为一种先天性疾病。主要是由于腹股沟管内环相对较大，小猪在被阉割、灌服药物、抓捕时尖叫，或人为驱赶、合群时猪与猪之间打斗等导致腹压急剧升高，造成肠管从腹股沟管落入到阴囊内而引发疾病。

【症状】

在腹部正中脐孔位置（图6-1-1）或阴囊部位（图6-1-2）皮肤隆起，柔软，多数可将内容物还纳至腹腔，但如果不通过手术缝合，肠道又可重新漏出，形成隆起。

图6-1-1　脐疝

图6-1-2　阴囊疝

【诊断】

通过临床观察及对隆起部位进行按压，无红、肿、热、痛等炎症特征，且可以将内容物还纳入腹腔即可进行诊断。

【治疗】

主要依靠手术还纳肠管，闭合疝孔。将生猪保定后，术部盐酸普鲁卡因浸润麻醉，切开皮肤，将肠管重新还入腹腔，纽扣状缝合疝孔和切口。手术当天用头孢噻呋钠，按3～5毫克/千克体重肌内注射，加强护理，然后口服经包被无苦味的恩诺沙星，每升水添加50毫克（以恩诺沙星有效成分计）饮水，连用3天，少量多餐、避免饲喂过饱，或惊吓、抓捕生猪，以免肠管重新漏出。

第二节　肠套叠

一段肠管套入邻近的肠管内，使肠管重叠起来称为肠套叠。本病大多发生于腹泻的哺乳仔猪以及转群应激、剧烈打斗的断奶仔猪。套叠的肠段以十二指肠和空肠较为常见。

【病因】

（1）断奶仔猪互相争斗、打架或人为急剧追赶、捕捉，导致肠道功能紊乱、肠道蠕动过快。

（2）仔猪处于饥饿、腹泻状态，胃肠道活动失调。

（3）气候骤冷，仔猪饮用冷水，异常刺激肠管，使肠道发生痉挛性收缩，而出现套叠。

【流行特点】

急性腹泻的小猪或经剧烈应激的小猪多发。

【症状】

病猪突然发病、不食、呕吐，发生持续性的腹痛，鸣叫，四肢划动，或跪地爬行。也有些生猪表现腹部收缩，背拱起，或前肢伏地，头抵于地面，卧立不安，发出哼叫声。初期频频排粪，后期停止排粪，常排出黏液，部分因肠道臌气而腹围增大（图6-2-1）。腹泻的小猪可见到消瘦、水泻、呈脱水症状（图6-2-2）。体温一般正常，但并发肠炎或肠坏死时，体温可轻度上升，结膜充血，呼吸及脉搏数增加。十二指肠套叠时常可发生呕吐。

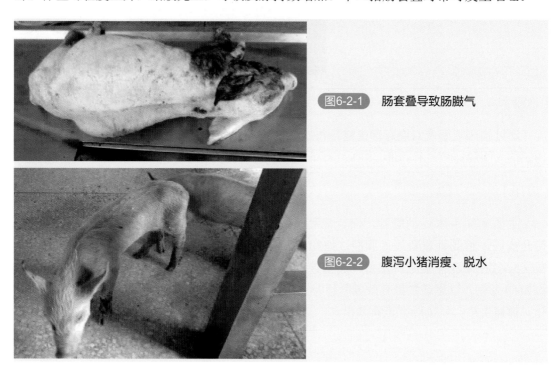

图6-2-1 肠套叠导致肠臌气

图6-2-2 腹泻小猪消瘦、脱水

【病变】

解剖可见套叠在一起的肠道组织（图6-2-3、图6-2-4，视频6-2-1、视频6-2-2），如套叠时间较长、过紧，则在套叠处可见到肠道出现臌气（图6-2-5），套叠部分还可出现腐败迹象。

视频6-2-1

（扫码观看：仔猪腹泻
导致肠套叠）

视频6-2-2

（扫码观看：保育猪肠
套叠导致肠臌气）

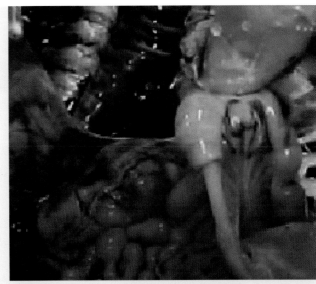

图6-2-3　腹泻小猪肠套叠

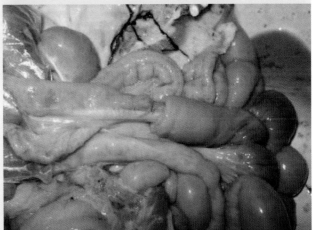

图6-2-4　保育猪打斗导致肠套叠

图6-2-5　肠套叠导致肠臌气

【诊断】

临床见到食欲废绝、剧烈腹痛，排少量含有血液的黏稠稀粪，腹部有压痛，且存在腹泻、剧烈应激等历史即可怀疑存在肠套叠的可能，但需在解剖后见到套叠的肠管才可确诊。

【预防】

（1）不要对仔猪进行粗暴追赶，捕捉。

（2）加强饲养管理，不喂冷冻饲料和冰冷的饮用水。

（3）防止腹泻性疾病的发生，急剧腹泻的生猪做好科学的治疗工作，在腹泻中、后期适当使用收敛剂药物。

（4）如遇天气骤冷，应及时保暖，避免因仔猪受寒冷刺激而激发肠痉挛。

（5）气候突变时，做好应对措施，防止猪群因气候原因出现咬尾、打架等问题。

（6）转群时，在生猪栏舍设置一些玩具（红砖、铁环、石头）等分散小猪的注意力，防止过于激烈的打斗发生。

【治疗】

轻度的肠套叠猪可能自行恢复，严重的肠套叠猪常在数小时内死亡，慢性的常伴发肠壁坏死，预后不良，无治疗价值。

第三节　中暑

中暑是日射病和热射病的总称。生猪受强烈日光照射，导致脑及脑膜充血、出现神经功能障碍，称为日射病；气候炎热、猪舍内通风不良、高温高湿、生猪体内热量无法向外散出，导致中枢神经功能紊乱，称为热射病。

【病因】

（1）日射病　生猪敞篷运输或露天情况下驱赶、转群，生猪受强烈日光照射过度，大脑中枢神经发生急性病变，引起中枢神经机能严重障碍。

（2）热射病　在炎热季节，猪舍通风降温设施不佳或设备故障，且猪群密度过大，导致猪舍局部环境出现高温高湿状态，生猪产热增多，散热困难，从而引起体温急速升高、严重的中枢神经系统功能紊乱。

【流行特点】

日射病主要发生于夏季运输途中，以及转群时被驱赶的猪群；热射病主要发生于饲喂在通风防暑设施不佳，或未及时开启防暑设施的猪场。

【症状】

发病急，病初心跳、呼吸急促，张口呼吸（图6-3-1，视频6-3-1），眼结膜充血，体温升高，可达42℃以上；食欲严重降低，有饮欲，有些可出现呕吐现象；四肢乏力，走路摇摆；最后倒地、昏迷，因心肺功能衰竭而出现死亡。

视频6-3-1

（扫码观看：母猪中暑，张口喘气）

图6-3-1 生猪张口呼吸

【病理变化】

主要表现为脑组织及脑膜充血，肺脏充血、水肿。

【诊断】

根据临诊症状和病史（生猪发病前是否处于高温、高湿环境，是否被强烈阳光直射等）即可做出诊断。

【预防】

（1）合理安排猪场饮水管道路线，保证生猪在炎热的夏季有充足、清凉的饮水供应。

（2）炎热季节，适当降低猪群密度。

（3）根据气候、温度及时保证猪舍的合理通风、降温，在通风不良的环境不可随意采用喷淋自来水降温，以免形成高温高湿的局部环境。

（4）夏季运输生猪应避免阳光直射，可选在气温低的早晨或晚上运输，且防止因装猪过多、过于拥挤导致散热困难。

（5）炎热季节进行小猪转群或母猪上产床前的驱赶，应尽量采取温和的方式进行，严禁过于粗暴、殴打生猪，且应尽量选在清晨或傍晚气候凉爽时进行。

【视频6-3-2】

（扫码观看：中暑母猪治疗后
半个小时的恢复情况）

【治疗】

立即将中暑的生猪移至阴凉处，用冷水喷淋头部；耳尖、尾尖剪毛消毒后放血；静脉注射5%的葡萄糖盐水（按葡萄糖计，10 ～ 50克/头）、维生素C（0.2 ～ 0.5克/头）；狂暴不安者肌内注射氯丙嗪（1 ～ 2毫克/千克体重）；体温过高（42℃以上）者肌内注射退烧药物（氟尼辛葡甲胺2毫克/千克体重）；心衰昏迷者注射安钠咖（0.5 ～ 1克/头）。视频6-3-2是中暑母猪（视频6-3-1）治疗后约半个小时的恢复情况（治疗方法：用凉水淋、针扎耳静脉放血、注射氟尼辛葡甲胺）。

第四节　猪胃溃疡

猪胃溃疡包括两种情况，一种为胃食道入口处猪胃无腺区的上皮黏膜出现角化、糜烂、溃疡；另一种为胃腺区的病变。前者是猪场较为常见和严重的一种疾病，可引起急性胃出血而导致猝死或病猪消瘦、苍白、发育不良。后者常与全身性疾病如沙门氏菌、猪丹毒杆菌、猪瘟病毒等病原感染有关。本节主要介绍胃食道处胃溃疡。

【病因】

（1）饲料因素　饲料颗粒过细（细粉料或过细颗粒膨化制成的颗粒料可能促进胃溃疡的发生），饲料品质不佳，霉败，缺乏维生素、微量元素等营养；长期饲喂精料，日粮中缺乏足够的粗纤维。

（2）应激因素　生产过程中经历过拥挤、过度惊扰、运输等应激。

（3）遗传因素　本病的发生与生猪的品种存在较大相关性，生长快及瘦肉率高、易于出现过度应激的品种多发。

（4）停饲或不规律采饲　因为各种原因导致的停饲或不规律饲喂，如猪场机械故障未能按时饲喂、猪场人员未按规定时间饲喂生猪、生猪常因运输停饲回猪场后采食过多等。

另外，某些感染性疾病，如猪瘟、猪丹毒、猪蛔虫感染等也可引起胃炎，甚至导致胃溃疡。

【流行特点】

胃食道区溃疡可发生于各种日龄的猪，以3 ～ 6月龄的猪多发，经产母猪也常可见到此类胃溃疡病变。

【症状】

（1）急性　体表苍白，突然死亡（图6-4-1）。

（2）亚急性慢性　体表苍白、贫血（图6-4-2），衰弱，厌食，呼吸急促，粪便黑色黏稠、糊状或小球状，病初腹痛、磨牙、弓腰、不安（视频6-4-1），后期卧地不起，虚弱死亡。

视频6-4-1

（扫码观看：肥猪胃溃疡，胃出血，站立时颤抖、尖叫）

图6-4-1　体表苍白

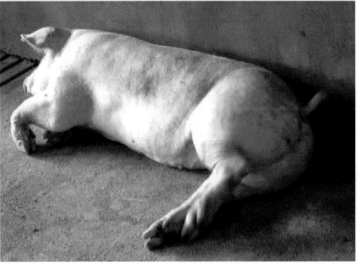

图6-4-2　病猪消瘦体表苍白

【病理变化】

（1）胃溃疡出血病例　皮肤苍白、肌肉颜色变浅（图6-4-3）、胃中可见大量血液（图6-4-4）、肠道粪便为黑色（图6-4-5）；胃壁可见较大的溃疡灶甚至出现胃穿孔（胃穿孔病例可见腹腔存在饲料、血水污染）（图6-4-6、图6-4-7）。

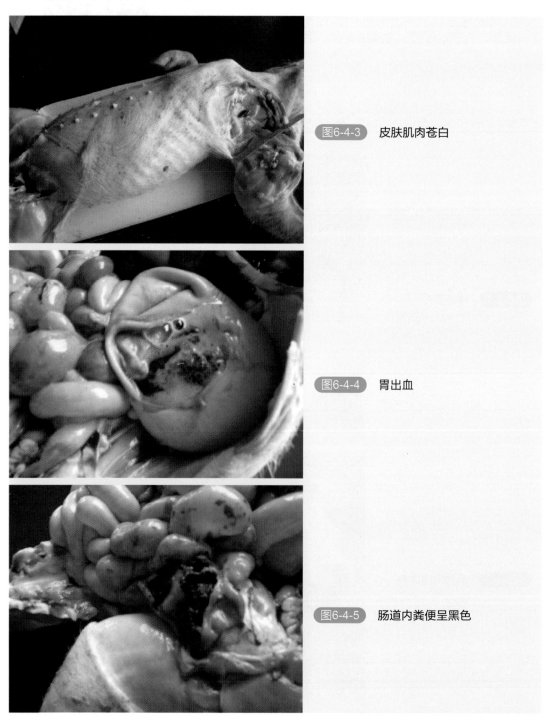

图6-4-3　皮肤肌肉苍白

图6-4-4　胃出血

图6-4-5　肠道内粪便呈黑色

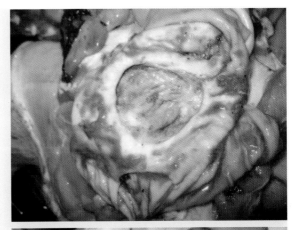

图6-4-6　胃食道部溃疡灶

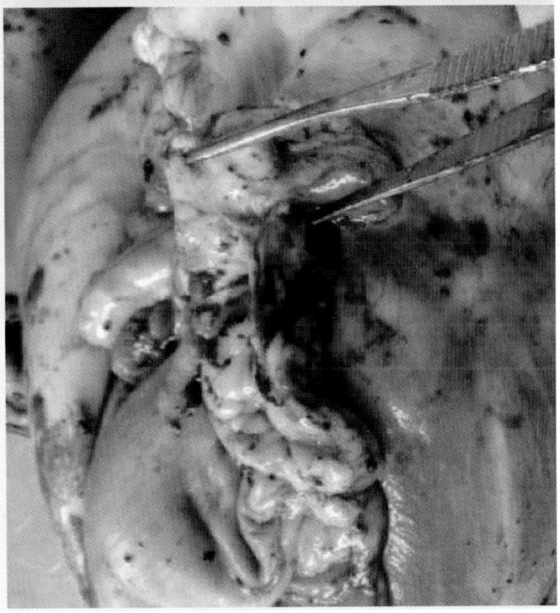

图6-4-7　胃穿孔

（2）胃溃疡但未发生明显出血病例　胃食道区的溃疡可见增厚、粗糙的表皮，因胆汁着色呈相对更为明显的黄色，靠近贲门处上皮出现糜烂，有溃疡和瘢痕（图6-4-8）；胃腺区的溃疡，可见明显溃疡灶（图6-4-9）。

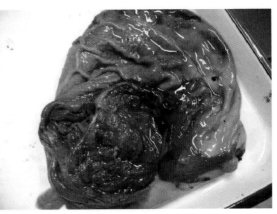

图6-4-8　胃食道部瘢痕组织

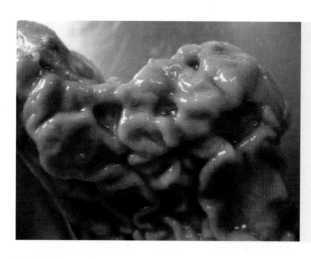

图6-4-9 胃腺区溃疡灶

【诊断】

根据有出血性贫血的特征和症状,病理剖检见胃内广泛性出血,排黑色干燥粪便可做出诊断。

【预防】

(1)合理搭配饲料,保证饲料粗细粒度均匀、营养全面。

(2)按时按质按量饲喂生猪。

(3)减少频繁转群和运输等各种应激,经长途运输的生猪进场后7天内应少喂多餐,饲喂温度适合、易于消化的饲料。

(4)防止饲喂发霉变质饲料。

(5)适当增加饲料中粗纤维的含量,有条件的猪场,可给生猪补充适量青绿饲料。

【治疗】

治疗原则为止痛、抗酸、消炎、止血。具体可采取口服鞣酸保护胃黏膜、用氧化镁等抗酸剂中和胃酸、投服次硝酸铋保护溃疡面,防止出血,促进愈合。对于存在明显胃出血的生猪,可使用止血剂(止血敏,0.25～0.5毫克/头)进行止血。另外,可加强护理,减少各种应激,肌内注射维生素C(0.5～1克/头),以及给予营养丰富、易于消化的饲料,提高生猪机体的抵抗力,促进康复。

第五节　便秘

便秘是指粪便滞留肠道、干燥、排出困难,生猪食欲降低,部分猪出现腹围增大的一种疾病。猪便秘很多是因为长期饲喂精料、缺乏青饲料、饮水不足或运动不足及某些疾病继发引起的一种疾病。

【病因】

（1）长期饲喂精料，缺乏青饲料。

（2）猪场水压过小、饮水器安装位置过低、夏季水温过高或冬季水温过低等原因，导致生猪饮水不便或不喜饮用，最终出现饮水不足。

（3）限位栏饲养或生猪运动功能障碍导致生猪运动不足。

另外，生猪患急性传染病导致高热不退也可继发便秘。

【流行特点】

主要发生于限位栏饲养的母猪、分娩后的母猪以及发生某些高热性疾病的生猪。

【症状】

食欲降低、喜饮水、精神萎靡、腹痛、常伏卧、排少量干硬粪球（图6-5-1、图6-5-2及视频6-5-1），严重者腹部膨胀、停止排便、食欲停止、尿色深黄且量少。

视频6-5-1

（扫码观看：母猪便秘，排颗粒状粪便）

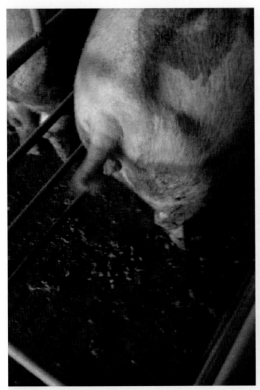

图6-5-1　母猪便秘，排出颗粒样粪便

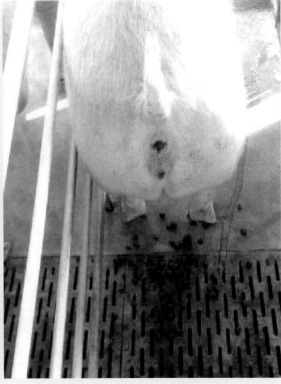

图6-5-2　母猪便秘，排细颗粒状粪便

【预防】

（1）合理搭配饲料，适当补充青绿多汁饲料。

（2）按照不同猪群的高度调整猪舍饮水器至最便于喝水的位置。

（3）调整猪场水管的路线，使水管夏天不被太阳暴晒、冬天不被雨雪覆盖，确保生猪一年四季能饮用正常温度的水。

（4）创造条件给限位栏生猪提供更多的运动机会，如怀孕中后期母猪大栏饲养。

（5）做好易导致高热稽留传染病的防控。

【治疗】

除去病因，润肠通便。轻度便秘可加强运动，内服植物油100～200毫升促进粪便排出。顽固性便秘可用温肥皂水深部灌肠，配合腹部按摩，也可同时灌服盐类（硫酸镁，20～50克/头）或油类泻剂（液状石蜡，50～100毫升/头）后2小时，皮下注射氨甲酰胆碱0.25～0.5毫克/头，促进粪便排出。

第六节　母猪子宫内膜炎

子宫内膜炎是引起母猪发情异常、返情、流产以及母猪产后无乳的常见疾病，是母猪淘汰的重要原因之一，给猪场带来较大的经济损失。其形成原因主要是由于在配种、人工授精和助产时不注意卫生消毒工作将细菌带入子宫，或母猪分娩、流产后子宫内出现细菌大量繁殖未能及时清除，导致母猪的生殖系统炎症。其中引起感染的细菌病原以大肠杆菌、链球菌、葡萄球菌、变形杆菌等为主，也可从感染样本中分离到一些比较少见的细菌病原，如酿脓拟杆菌。

【病因】

（1）配种、人工授精和助产时消毒不规范，将细菌带入母猪子宫。

（2）母猪分娩、流产后子宫内细菌大量繁殖，子宫恢复不彻底，未能及时将细菌清除，从而形成长期炎症。

（3）母猪栏舍或产床地面卫生差，长期有粪便和尿液未及时清理干净，或母猪在有污水的运动场内活动，细菌经产道进入子宫，形成炎症。

（4）繁殖障碍性病原（猪蓝耳病毒、伪狂犬病毒、细小病毒等）感染。

【流行特点】

以第一、二胎母猪，难产、流产、产程过长的母猪容易出现子宫内膜炎。

【症状】

（1）阴门可见有暗红色或棕黄色、白色的分泌物流出，并常可粘着在阴户周围（图6-6-1）。

（2）母猪出现返情、屡配不孕，返情时从阴户可见黄白色的脓汁（图6-6-2）。

（3）慢性炎症时，病猪一般食欲或精神正常；急性时则病猪食欲减退或废绝，体温升高。

（4）母猪产后炎症（图6-6-3）可出现食欲差、发烧、乳汁减少，仔猪出现腹泻。

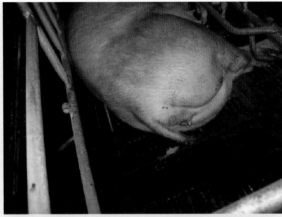

 母猪排出棕黄色脓性分泌物

图6-6-2 母猪阴户带有白色脓性分泌物

图6-6-3 母猪排出白色炎性分泌物

【病变】

剖解可见子宫蓄脓、有白色或黄色脓液（图6-6-4），有些还残留有死胎碎片组织，部分生猪子宫炎症部位可出现角化（图6-6-5）。

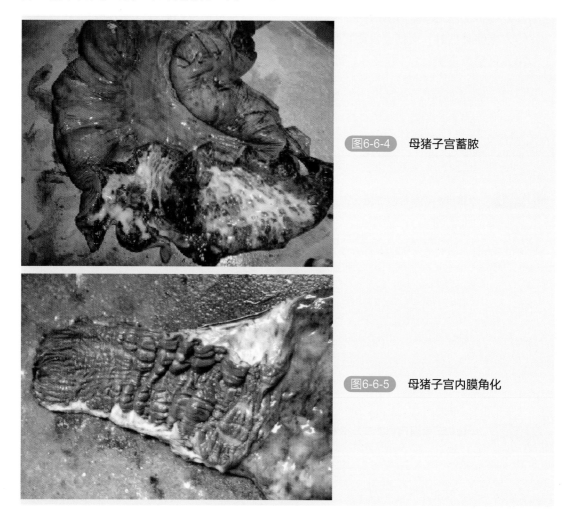

图6-6-4　母猪子宫蓄脓

图6-6-5　母猪子宫内膜角化

【预防】

（1）保持母猪产床清洁干燥，并每2～3天对母猪产床后半部分消毒1次。

（2）本交配种时严格消毒母猪外阴，人工输精时除对母猪外阴进行消毒外，应使用经过消毒的输精管进行输精。

（3）发生难产，人工助产后可在子宫内放入抗生素药物。

（4）做好母猪怀孕期间的饲养管理，使母猪各怀孕阶段保持比较正常的膘体状态，防止母猪过肥、过瘦，增加子宫内膜炎发生的概率。

（5）加强第一、二胎母猪的产程和产后管理，如果发生难产或产程过长及时采取适当的措施（按摩乳房、从外部调整胎位、腹部按压等）进行助产，产后做好母猪逐步增加饲料供应量的过渡工作，并做好产后炎症的预防工作，促使子宫及时复原。

（6）严禁使用霉菌毒素超标的饲料饲喂生猪。

（7）做好蓝耳病毒、伪狂犬病毒、细小病毒等繁殖障碍性病原的防控。

【治疗】

（1）用稀释后的聚维酮碘溶液（0.1%）冲洗子宫，然后肌内注射催产素（10～50单位），促进子宫收缩，排出子宫内容物，再将消毒好的输精管伸入子宫颈，向子宫内注入抗菌消炎药物（恩诺沙星300～500毫克）。同时可考虑肌内注射抗菌消炎药物（头孢噻呋钠，3～5毫克/千克体重），进行全身性用药治疗。连续3天、每天进行1次冲洗和用药。

（2）产后哺乳期间发生子宫内膜炎时，可考虑注射催产素（10～50单位），促进子宫收缩，并进行全身性抗菌药物治疗，如用头孢噻呋钠，按3～5毫克/千克体重肌内注射；或恩诺沙星，按2.5毫克/千克体重肌内注射；或林可霉素＋壮观霉素（按具体商品说明使用）等，每天1次，连用3天。最好采用子宫炎性分泌物分离细菌后进行药物敏感检测，选用敏感药物进行全身性用药。

第七节　饲养管理不当导致的各种伤口感染

生猪从出生到育肥可产生各种各样的伤口，在产房可能因剪牙、断尾、断脐、去势产生伤口。此外，哺乳至保育、保育至育肥两个过渡阶段合群出现打斗产生不可避免的伤口，以及平时采食由于料槽不够、出现争斗导致的皮肤伤口。这些伤口有些可以避免或减少，有些是不可避免的。不管是可以避免还是不可避免的伤口，均可能成为链球菌、副猪嗜血杆菌、葡萄球菌、化脓隐秘杆菌等病原感染生猪的门户，有些可导致生猪马上发病，甚至死亡，有些则可让病原入侵机体并暂时局限于机体的某一局部部位（扁桃体、关节等），待生猪抵抗力下降时再大量繁殖，扩散到身体其他部位，导致发病（图6-7-1～图6-7-20）。因此减少伤口或加强伤口消毒管理工作对于生猪健康具有非常重要的作用。

（1）剪牙、断脐、断尾：建议正确操作（尤其是剪牙时，应注意避免将牙齿剪碎后留下参差不齐锋利的残留物）后使用络合碘（开瓶后及时盖好，1周内用完）及时消毒。

（2）避免或减少生猪合群的打斗：以窝为单位转群饲养，或转群后及时做好调教，在栏舍放置多种玩具（红砖、铁环、铁球等）分散小猪的注意力，防止小猪出现激烈的打斗现象。

（3）避免生猪采食过程中的打斗：设置足够的料槽和饮水器，料槽不够可考虑在开始饲喂时同时撒部分饲料于实心地面进行饲喂，以减少生猪的争抢；开始饲喂时尽量让整栋猪舍的生猪在最短的时间内全部有饲料可吃，防止生猪一直叫唤和拥挤，出现皮肤擦伤；另外也可考虑采用自由采食的方式饲喂生猪。

（4）公猪去势的基本步骤：用稀释后的聚维酮碘溶液消毒皮肤，切口取出睾丸、络合碘消毒伤口，再于伤口撒上磺胺结晶粉。

案例1　新生仔猪脐带感染

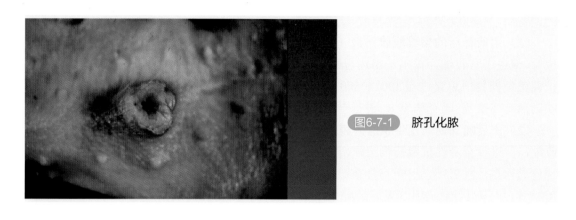

图6-7-1　脐孔化脓

案例2　新生仔猪剪牙操作不当

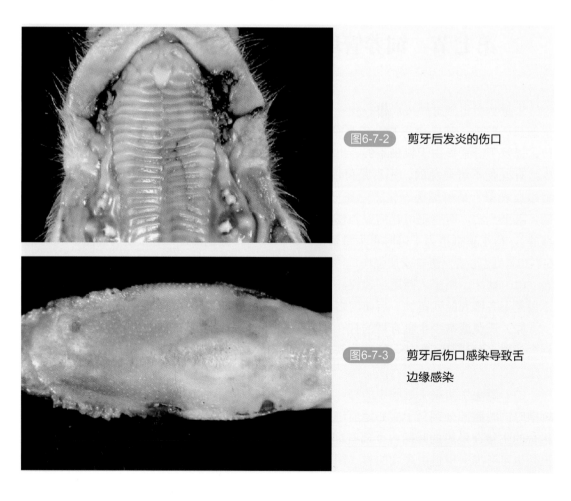

图6-7-2　剪牙后发炎的伤口

图6-7-3　剪牙后伤口感染导致舌边缘感染

案例3 断脐操作不当导致脐孔感染、长时间未完全恢复

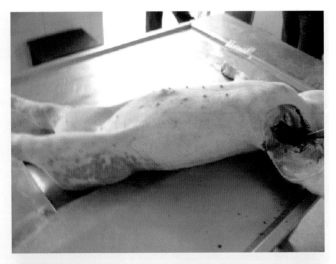

图6-7-4 脐孔位置外表皮肤突起

图6-7-5 感染尚未痊愈的脐孔
部位

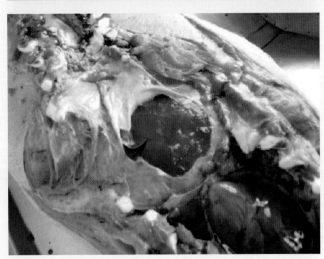

图6-7-6 脐孔感染导致腹膜粘连

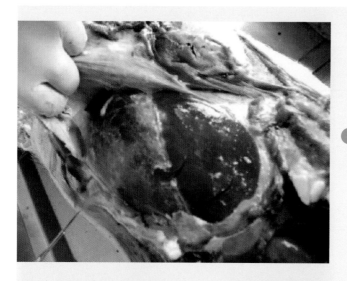

图6-7-7 脐孔感染导致肝脏表面纤维素性渗出

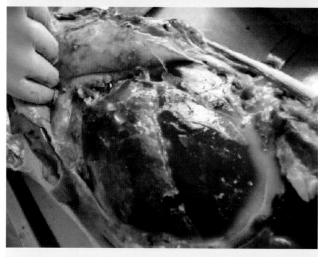

图6-7-8 脐孔感染导致腹腔粘连积液

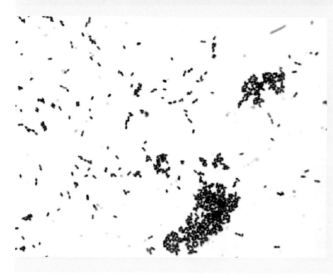

图6-7-9 从脐孔感染猪中分离的链球菌

案例4　仔猪去势导致腹腔感染

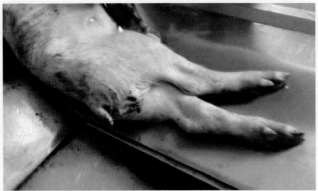

图6-7-10　去势后伤口长时间未能愈合

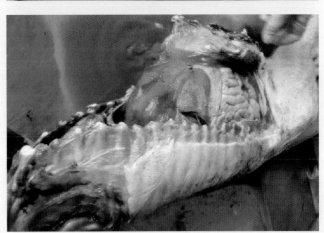

图6-7-11　去势导致腹腔炎症

案例5　仔猪腹腔注射、操作不当、消毒不严导致感染

图6-7-12　腹腔注射后一直未能康复的腹泻仔猪

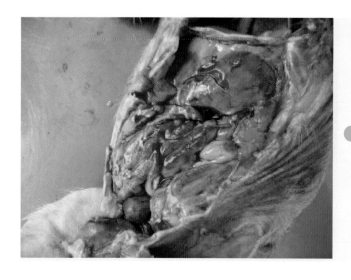

图6-7-13 腹腔注射导致腹腔内粘连，肠浆膜出血

案例6　合群后打斗导致生猪皮肤伤口

图6-7-14 合群后打斗导致生猪应激、精神沉郁

图6-7-15 打斗后的生猪皮肤充满伤口、精神沉郁

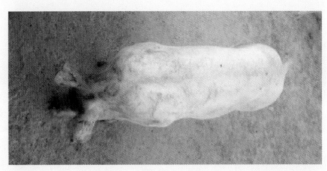

图6-7-16　打斗后的生猪皮肤充满
　　　　　伤口

案例7　生猪抢食导致的皮肤伤口

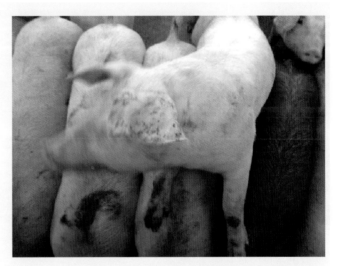

图6-7-17　料槽面积过小导致生猪
　　　　　争抢，出现皮肤伤口
　　　　　（一）

图6-7-18　料槽面积过小导致生猪
　　　　　争抢，出现皮肤伤口
　　　　　（二）

图6-7-19 料槽面积过小，导致一部分生猪无法及时采食

图6-7-20 由于争抢饲料，个别生猪被拱起，脚踩在其他生猪背部，可能划伤背部皮肤

附录 20千克正常保育猪各部位参考图

　　临床上发病并被解剖观察的生猪以保育猪较为多见，且通常兽医解剖的保育猪不外乎3种情况：① 将发病但未死亡的保育猪放血致死后，进行解剖观察；② 解剖发病、刚死亡的保育猪；③ 直接解剖发病、死亡并进入尸僵阶段的保育猪。但临床正常保育猪在放血或不放血的情况下，各部位的状态如何？对于初学者来说，常没有比较清晰的图片作为参照。正常保育猪（麻醉、放血致死立即解剖的保育猪；麻醉致死后，20℃环境放置9小时再行解剖的保育猪）各部位状态见附图1-1～附图1-68（麻醉致死立即解剖的保育猪由于解剖时，大量血液仍可从血管内流出，各部位状态与放血致死保育猪无明显差异，所以未将图片列出）。

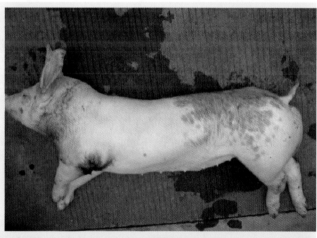

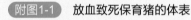 放血致死保育猪的体表

附图1-2 未放血死亡保育猪的体表（死后躺卧的上、下表面）

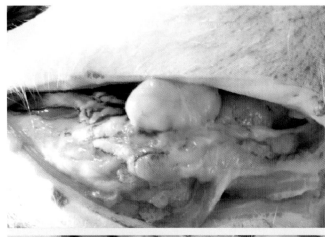

附图1-3 放血致死保育猪的下颌淋巴结

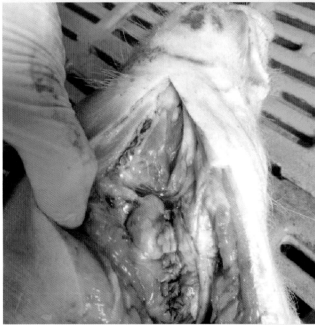

附图1-4 未放血死亡保育猪的下颌淋巴结

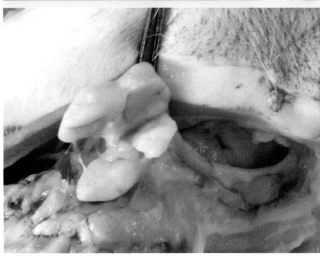

附图1-5 放血致死保育猪的下颌淋巴结切面

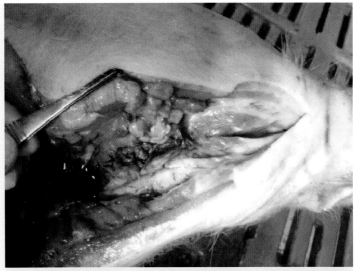

附图1-6 未放血死亡保育猪的下颌淋巴结切面

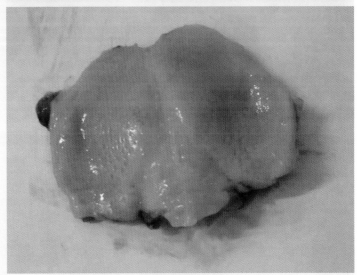

附图1-7　放血致死保育猪的扁桃体

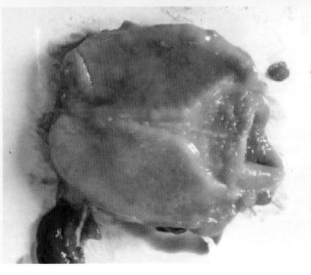

附图1-8　未放血死亡保育猪的扁桃体

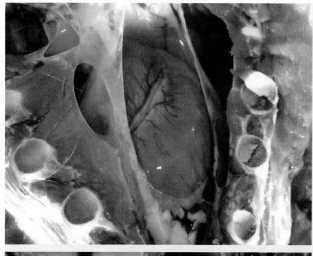

附图1-9 放血致死保育猪的心脏及心包液

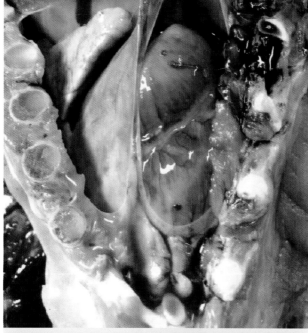

附图1-10 未放血死亡保育猪的心脏及心包液

附图1-11 放血致死保育猪的气管

附图1-12　未放血死亡保育猪的气管

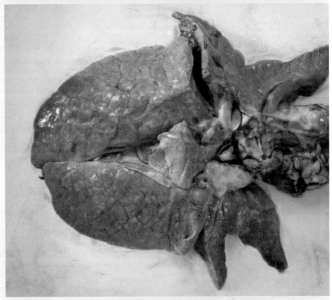

附图1-13　放血致死保育猪的肺脏

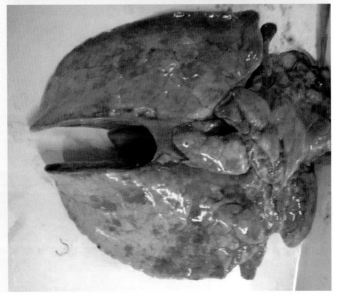

附图1-14　未放血死亡保育猪的肺脏

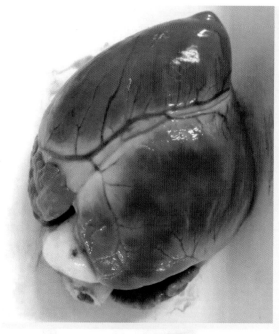

附图1-15 放血致死保育猪的心脏

附图1-16 未放血死亡保育猪的心脏

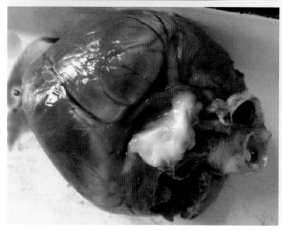

附图1-17 放血致死保育猪的心冠脂肪

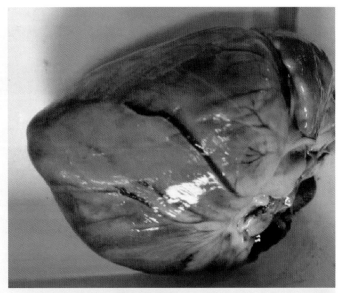

附图1-18　未放血死亡保育猪的心冠脂肪

附图1-19　放血致死保育猪的心脏切面图

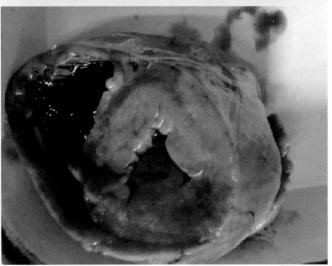

附图1-20　未放血死亡保育猪的心脏切面图

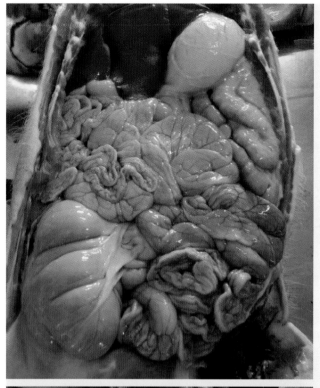

附图1-21 放血致死保育猪的腹腔整体图

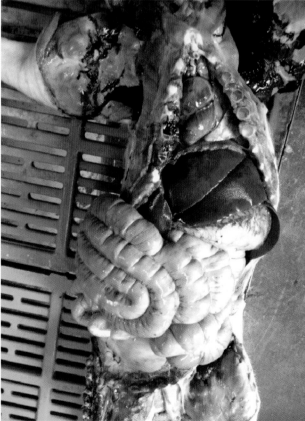

附图1-22 未放血死亡保育猪的腹腔整体图

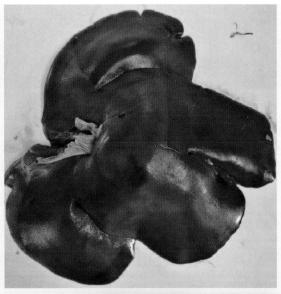

附图1-23 放血致死保育猪的肝脏

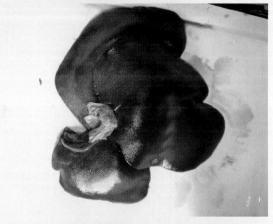

附图1-24 未放血死亡保育猪的肝脏

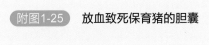

附图1-25 放血致死保育猪的胆囊

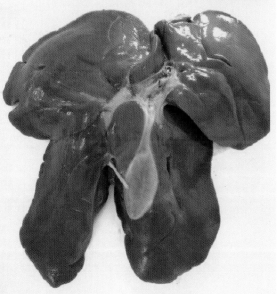

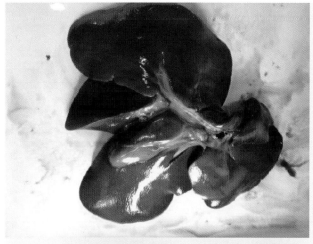

附图1-26 未放血死亡保育猪的胆囊

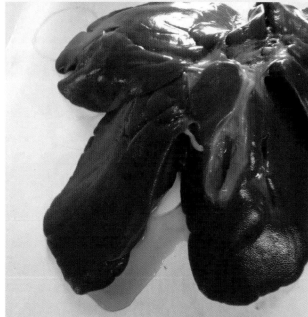

附图1-27 放血致死保育猪的胆汁

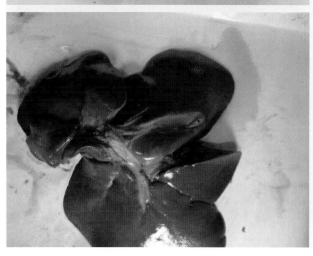

附图1-28 未放血死亡保育猪的胆汁

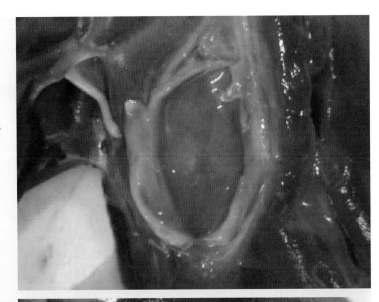

附图1-29　放血致死保育猪
　　　　　的胆囊壁

附图1-30　未放血死亡保育
　　　　　猪的胆囊壁

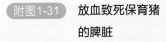 放血致死保育猪
　　　　　的脾脏

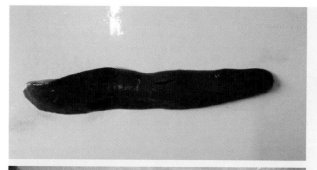

附图1-32 未放血死亡保育猪的脾脏

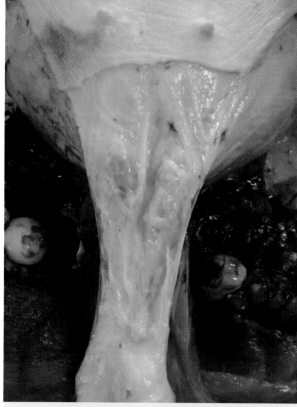

附图1-33 放血致死保育猪的腹股沟淋巴结

附图1-34 未放血死亡保育猪的腹股沟淋巴结

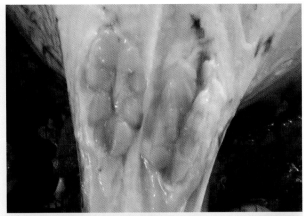

附图1-35　放血致死保育猪的腹股沟淋巴结切面

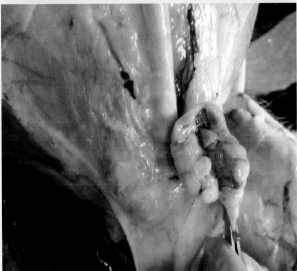

附图1-36　未放血死亡保育猪的腹股沟淋巴结切面

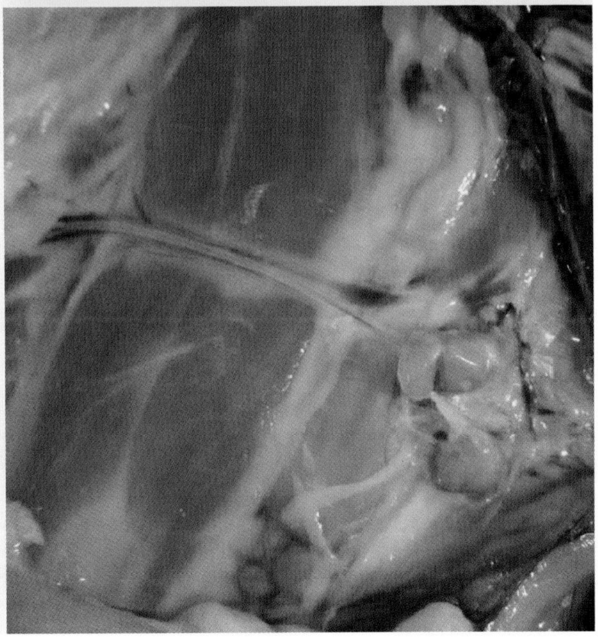

附图1-37　放血致死保育猪的肾淋巴结

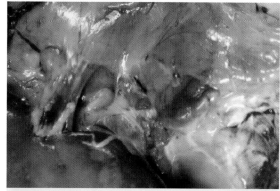

附图1-38　未放血死亡保育猪的肾淋巴结

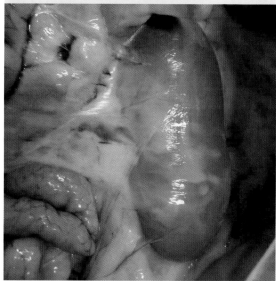

附图1-39　放血致死保育猪的肾周脂肪囊

附图1-40　未放血死亡保育猪的肾周脂
肪囊

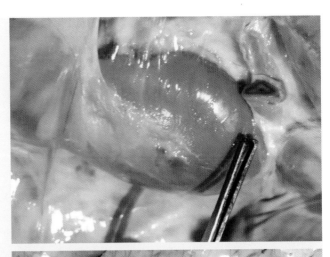

附图1-41　放血致死保育猪的肾上腺切面

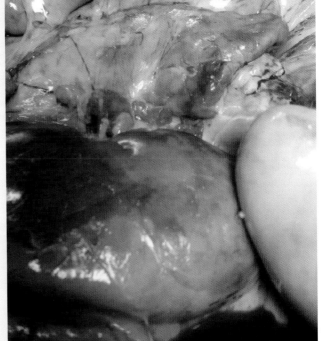

附图1-42　未放血死亡保育猪的肾上腺切面

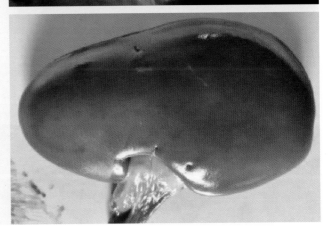

附图1-43　放血致死保育猪的肾脏

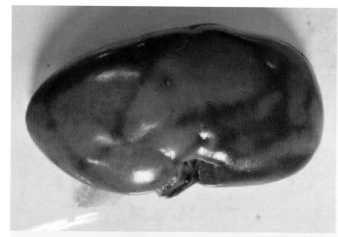

附图1-44 未放血死亡保育猪的肾脏

附图1-45 放血致死保育猪的肾脏切面

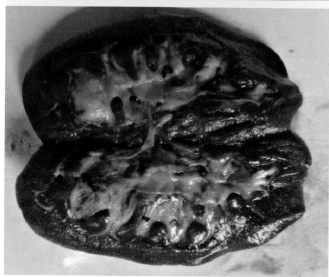

附图1-46 未放血死亡保育猪的肾脏切面

附图1-47　放血致死保育猪肠系膜淋巴结

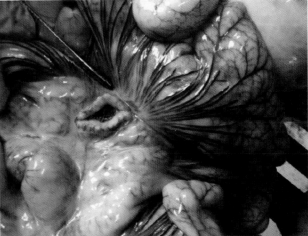

附图1-48　未放血死亡保育猪的肠系膜淋巴结

附图1-49　放血致死保育猪的肠系膜及肠系膜血管

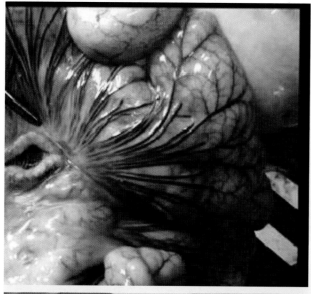

附图1-50　未放血死亡保育猪的肠系膜及肠系膜血管

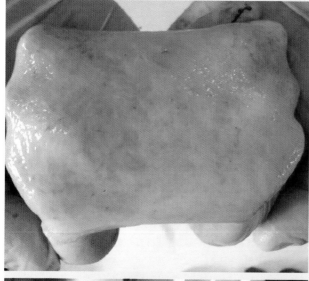

附图1-51　放血致死保育猪的膀胱内膜

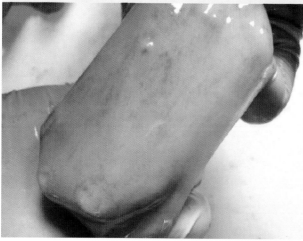

附图1-52　未放血死亡保育猪的膀胱内膜

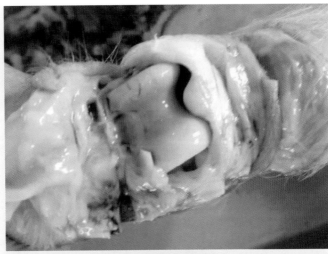

附图1-53　放血死亡保育猪的后肢关节

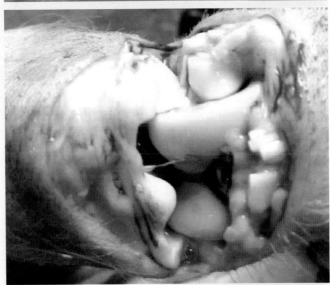

附图1-54　未放血死亡保育猪的后肢关节

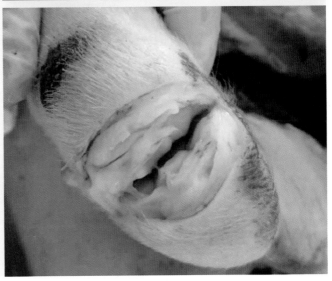

附图1-55　放血致死保育猪的前肢关节

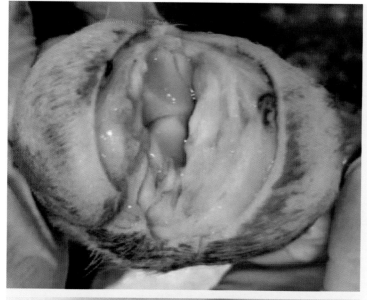

附图1-56 未放血死亡保育猪的前肢关节

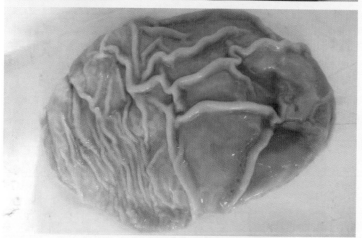

附图1-57 放血致死保育猪的胃黏膜

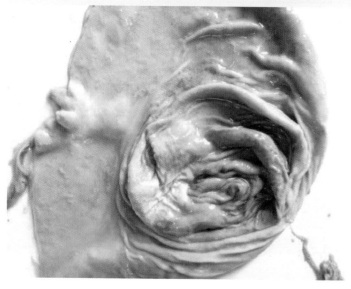

附图1-58 未放血死亡保育猪的胃黏膜

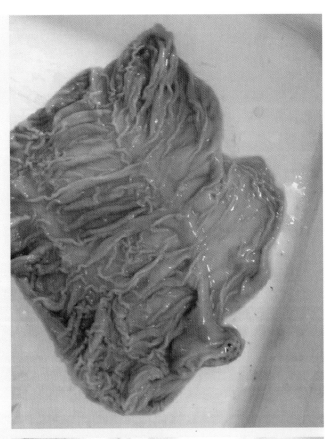

附图1-59 放血致死保育猪的盲肠及回盲口黏膜

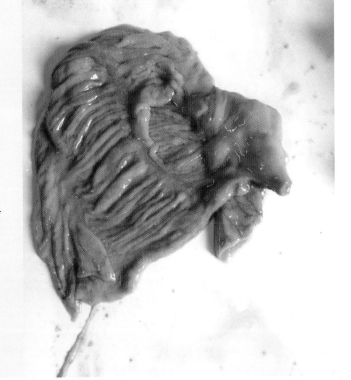

附图1-60 未放血死亡保育猪的盲肠及回盲口黏膜

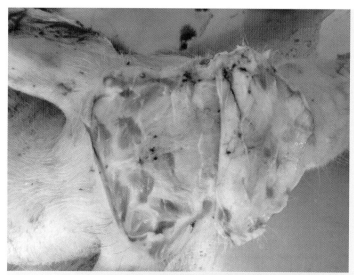

附图1-61　放血致死保育猪的头部皮下组织

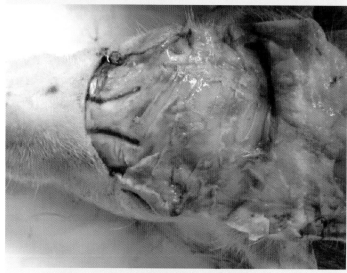

附图1-62　未放血死亡保育猪的头部皮下组织

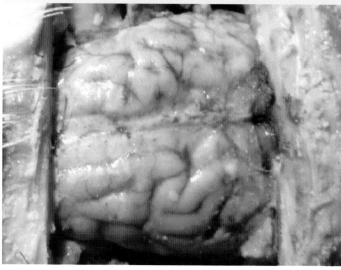

附图1-63　放血致死保育猪的脑膜

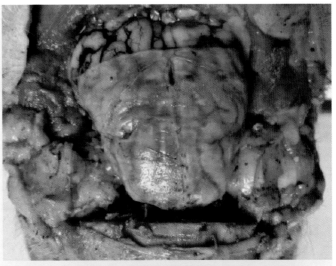

附图1-64 未放血死亡保育猪的脑膜

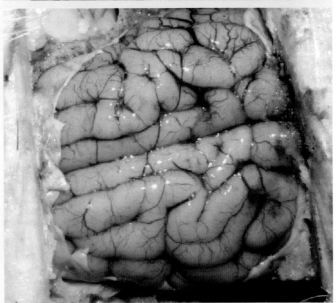

附图1-65 放血致死保育猪的脑组织

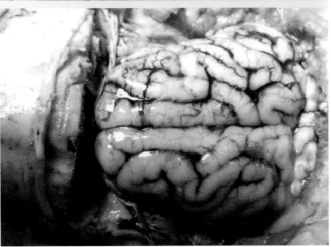

附图1-66 未放血死亡保育猪的脑组织

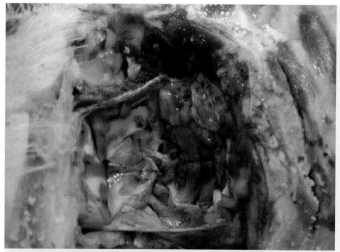

附图1-67 放血致死保育猪脑脊液含量情况

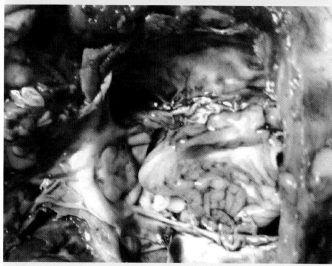

附图1-68 未放血死亡保育猪脑脊液含量情况

参考文献

[1] Barbara E Straw，Jeffery J Zimmerman，Sylvie D'Allaire 等．猪病学 [M]．赵德明，张仲秋，沈建忠主译．第九版．北京：中国农业出版社，2008．

[2] Jeffery J Zimmerman，Locke A Karriker，Alejandro Ramirez 等．猪病学 [M]．赵德明，张仲秋，周向梅，杨利峰主译．第十版．北京：中国农业出版社，2014．

[3] 陈溥言．兽医传染病学 [M]．第六版．北京：中国农业出版社，2015．

[4] 汪明．兽医寄生虫学 [M]．第三版．北京：中国农业出版社，2009．